아이도 반하게 할 영양 만점
최고의
유아 밥상

최고의 유아 밥상

펴낸날 초판 1쇄 2018년 8월 30일
2쇄 2018년 10월 15일

지은이 서정호, 정재덕, 박화정

펴낸이 강진수
편집팀 김은숙, 최시원
디자인 강현미
사진 헬로스튜디오 조은선 실장(www.sthello.com)
그림 이양흠

인쇄 (주)우진코니티

펴낸곳 (주)북스고 | **출판등록** 제2017-000136호 2017년 11월 23일
주소 서울시 중구 퇴계로 253(충무로 5가) 삼오빌딩 705호
전화 (02) 6403-0042 | **팩스** (02) 6499-1053

ISBN 979-11-962927-7-5 13590

이 도서의 국립중앙도서관 출판예정도서목록(CIP)은 서지정보유통지원시스템 홈페이지(http://seoji.nl.go.kr)와
국가자료공동목록시스템(http://www.nl.go.kr/kolisnet)에서 이용하실 수 있습니다.(CIP제어번호 : CIP2018026535)

아이도 반하게 할 영양 만점

최고의 유아 밥상

서정호 · 정재덕 · 박화정 지음

Booksgo

아이가 잘 먹을 수 있는 방법을 같이 찾아볼까요?

소아청소년과에서 진료를 받거나 영유아 검진을 받을 때 부모들이 걱정하는 여러 가지 고민거리 중에 대표적인 것이 바로 잘 안 먹는 것에 대한 내용입니다. 아이가 아파서 안 먹는 것이라면 치료 후에는 원래의 식욕으로 돌아오기도 합니다.
하지만 단지 먹는 것에 흥미를 잃었다면 의사인 저도 뚜렷한 해결책을 제시하기가 어렵죠. 그저 어디서나 들어봄직한 대답만 하게 됩니다.
"아이가 좋아할 만한 것을 찾아보시고, 어떻게든 따라다니면서라도 먹여 보세요."
그렇다면 어떻게 아이가 좋아할 만한 것을 찾을 수 있을까요? 요리전문가가 아니다 보니 구체적인 대안을 제시하기가 힘들었죠. 그러던 중 이번에 참여하게 된 유아식 및 아이 밥상 관련 집필 작업은 아주 반갑고 필요한 일이었죠.
사실 집에서 아이를 돌보느라 바쁜 부모들이 여러 가지 재료로 아이가 좋아할만한 음식에 변화를 주기란 쉽지 않죠. 이 책에서 제시하는 다양한 메뉴로 아이의 입맛을 찾을 수 있는 계기가 되었으면 합니다.

열심히 노력하는 만큼 아이는 잘 먹습니다

아이가 안 먹고 체중이 늘지 않는다면 이 또한 부모의 고민이 커집니다. 특히 돌 이후에는 사물에 대한 관심이 많아지면서 정상적으로 식욕이 떨어지는 경우도 많아요. 제 둘째 아이만 하더라도 유치원 때까지는 너무 말라서 걱정이었는데, 초등학교 들어갈 무렵부터는 잘 먹기 시작하더니 갑자기 체중이 불기 시작해서 지금은 평균 이상 키도 크고 체중도 나간답니다. 어떤 계기로 아이가 잘 먹기 시작했는지 솔직히 이유를 찾기란 힘들지만, 아이가 한 번 잘 먹는 계기가 생기면 쭉 먹는 양이 늘기도 한다는 것을 배우게 되었습니다.
반면 너무 먹어서 걱정인 경우도 있죠. 그렇다고 어른들처럼 다이어트를 위해 먹는 양을 줄일 수는 없지요. 대신 지나친 간식은 줄이고 식사 시간에 맞춰 건강한 식단으로 열심히 먹어야 건강한 성장을 기대할 수 있습니다.
아이가 잘 안 먹거나 또는 너무 먹는 것 때문에 고민이라면 이 책에 나와 있는 다양한 먹거리에 대한 정보와 레시피를 참고하여 더 건강한 식단을 만드는 데 도움이 되기를 바랍니다.

연세한결소아청소년과 원장
소아청소년과전문의 서정호

요즘처럼 더운 날씨에 아이의 끼니를 챙겨 먹이는 일이 결코 쉬운 일은 아닙니다. 요리와 함께 20년 가까이 지내 온 요리연구가든 주부 생활 13년차가 되었든 간에 아이를 위해 오늘은 무슨 반찬을 만들지, 어떤 간식을 챙겨야 할지, 매일 똑같은 고민을 하게 됩니다.
집에서는 누구보다 행복한 두 아이의 엄마, 아빠로 무엇보다 우리 아이가 먹을 것이라는 생각에 더 건강하고 더 맛있고 더 행복한 요리를 만들기 위해 노력하고 또 노력하였습니다. 그 덕분에 엄마, 아빠 요리가 세상에서 가장 맛있다는 아이를 보며 뿌듯하기도 하였죠.
사실 이 책에 대한 집필을 제안 받았을 때 망설이기도 했습니다. 하지만 내 아이에게 먹이기 위해 고민하고 연구했던 건강하고 맛있는 맛을 다른 부모와 공유하는 것이 얼마나 보람되고 행복한 일인지를 잘 알기에 시작하게 되었습니다.

예로부터 우리의 선조들은 '약식동원'이라 하여 음식과 약물의 구별 없이 음식이 곧 약물이고 약물이 곧 음식이라는 말을 하였습니다. 약물처럼 단 기간에 효과를 보는 것은 아니지만 올바른 식습관으로 장기간 꾸준히 지속된다면 세상 그 어떤 약물보다 좋은 영향을 발현하기에 식습관의 중요성에 대해서 강조하였습니다. 그래서 가족의 건강한 밥상을 지킬 수 있는 아이의 식습관은 매우 중요한 부분을 차지합니다.
가족과 함께 좋은 음식을 만들어 먹으면서 이런저런 이야기를 나누는 시간은 아이의 식습관뿐만 아니라 앞으로 펼쳐질 인생에서도 더없이 중요한 시간으로 기억될 것입니다. 그 기억의 기록을 위해 이 책이 함께 하시기를 소망해봅니다.
대한민국의 모든 가정이 더욱 건강한 밥상이 되길 기원합니다.

요리연구가 보담 정재덕, 요리연구가 박화정

CONTENTS

건강한 유아 밥상 가이드 ❹ 열량과 영양소 31

건강한 유아 밥상 가이드 ❺ 제대로 알고 제대로 먹기 38

밥 잘 먹는
우리 아이를 위한 요리 가이드

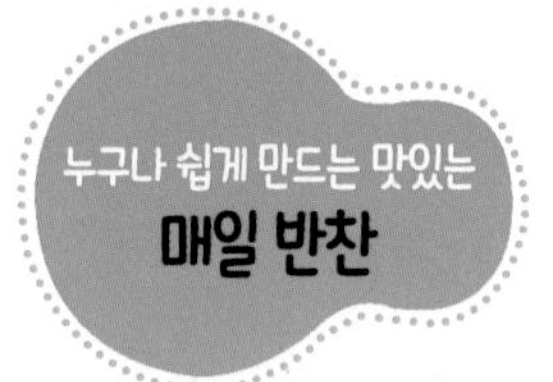

엄마 · 아빠의 정성가득
조림 · 볶음

인기만점 튀김 · 전 · 구이

아이 입맛을 살리는 국 · 찌개 · 면

PART 01

우리 아이 성장에 필요한 밥상 가이드

건강한 유아 밥상 가이드 1 건강한 식습관 기르기

● 온 가족이 같이 식사한다

가족이 같이 식사를 하는 일은 독립심이 강해지고, 친구와의 관계가 더 소중한 **아이와 다른 가족 간의 유대를 확인하는 중요한 자리다.** 만약 아이가 같이 식사를 하는 것을 피한다면 친구를 식사 시간에 초대해서 음식을 장만하는 것을 돕게 하는 것도 좋은 방법이다. 그렇다고 모든 가족 구성원이 다 모일 수는 없으므로, 어느 정도의 융통성은 필요하다. **최대한 가족이 모두 모일 수 있는 시간으로, 특히 아이 위주로 식사 시간을 정하는 것이 필요하다.** 어느 정도 여유가 있는 일요일에는 아침 겸 점심으로 하루를 같이 시작해도 좋다.

또한 같이 식사를 하게 되면, 이제 새로운 음식을 배우기 시작하는 아기부터 편식하는 습관을 지닌 큰 아이에 이르기까지 **아이의 새로운 식습관이나 잘못된 식습관을 많은 가족 구성원이 직접 확인할 수 있는 계기**가 된다. **잘못을 고치는 일에 대한 언급은 식사 후 적당한 시간에 한다.** 식사 중에는 즐거운 대화만이 소화에 도움이 된다. 이런 일들은 궁극적으로 아이의 습관을 고치기보다는 식사 시간에 대한 부정적인 이미지를 줄 수 있으므로 피하는 것이 좋다. 예로부터 먹을 때는 개도 건드리지 않는다는 말처럼 식사는 편안한 마음에서 먹어야 소화가 잘 된다.

● 건강한 음식을 제공한다

아직 친구와 사귀지 않는 어린 아이일수록 **아이의 먹을거리는 전적으로 부모가 어떻게 제공하느냐에 달려있다.** 처음부터 소신을 가지고 건강한 음식을 제공하려는 노력을 해야 하고, 건강하지 못한 음식의 유혹에 아이가 넘어가지 않도록 보호하는 의지도 필요하다.

아이의 발달에 필수적인 탄수화물, 양질의 단백질, 지방이 포함된 음식들과 칼슘, 철분이 풍부한 재료들을 선택하고, 조리법도 트랜스지방이 많이 생기면서 열량이 올라가는 튀기는 방법 대신에 끓이거나 굽는 등의 조리법을 선택하는 지혜가 필요하다.

아이는 3끼의 식사 이외에도 1~2회의 간식을 통해서 모자란 열량과 영양소를 보충하는 데, 이를 위해서 신선한 유제품이나 과일, 채소 등으로 간식을 준비하자. 비타민과 무기질의 좋은 공급원인 과일과 채소는 항상 손이 갈 수 있게 냉장고나 식탁 주위 등 아이가 쉽게 접할 수 있는 곳에 비치하는 것도 좋다. 다음은 부모가 아이의 건강한 영양을 위해 지켜야 할 수칙으로 항상 마음에 새겨두자.

① 다양한 음식을 제공한다.

② 균형 잡힌 식단과 함께 규칙적인 운동을 하게 한다.

③ 탄수화물, 채소, 과일이 풍부한 식단을 준비한다.

④ 지방, 특히 포화지방과 콜레스테롤이 많은 음식은 적게 섭취한다.
(2세 이후에는 모든 유제품은 저지방 혹은 무지방 제품으로 바꾼다.)

⑤ 설탕과 소금은 적당량만 사용한다.

⑥ 아이의 나이에 적절한 칼슘과 철분이 풍부한 음식을 제공한다.

● 친구들과 TV 광고의 영향

부모의 눈에서 벗어나서 활동을 하게 되는 유치원 이후의 아이는 부모가 모르는 사이에 건강하지 못한 음식을 섭취할 수도 있다. 따라서 아이가 한 끼 정도를 먹게 되는 **유치**

원이나 학교의 점심 식사의 내용을 살펴보는 것도 중요하다. 또한 아이의 친구는 어떤 음식을 좋아하고, 어떤 것을 잘 먹는지를 알아보기 위해서 집으로 초대하는 것도 좋은 방법이다.

요즘 **TV 광고의 영향**으로 열량은 높지만, 영양가는 떨어지는 패스트푸드 음식을 좋아하는 아이가 늘어난 것이 사실이다. 아이를 집에만 가두고 TV를 전혀 보지 못하게 만들지 않고서야 이런 패스트푸드 음식을 아이가 전혀 먹지 못하게 만들기는 힘들다. 그래서 차선책으로 **아이가 좋아하는 패스트푸드는 1~2주에 한 번 정도로 제한**하고, 부모와 같이 외식을 할 때는 아이와 같이 메뉴를 선택하면서 지방이 많은 음식보다는 채소가 많고 살코기가 있는 재료로 골라주는 것도 필요하다.

● 부모의 식습관을 아이는 따라한다

아이에게 좋은 식습관을 익히게 하는 가장 좋은 방법은 부모의 식생활을 비롯해서 온 가족의 식단을 건강한 식단으로 바꾸는 것이다. **과일과 채소 등 건강한 음식을 평상시에 즐겨 먹고, 가족끼리 외식을 할 때도 몸에 좋은 메뉴를 선택하는 것을 아이에게 보여 자연스럽게 몸에 익히도록 하는 것이 중요하다.**

건강한 음식을 고르는 것과 함께 **강조되어야 할 것은 적당한 양을 먹는 모습을 보여주는 것**이다. 실제 사람이 충분히 먹은 뒤 포만감을 느끼기까지는 시간이 걸리기 때문에 배가 부르다고 느낄 때는 이미 지나치게 많이 먹은 후다. 과식을 하는 습관은 이후 식사에도 영향을 주어서 균형적인 영양 상태를 방해하게 된다. 지금부터 평소 먹는 양보다 줄여서 적당한 양을 먹는 연습을 아이와 시도하자. 이를 위해서는 **음식을 즐기면서 천천히 먹는 연습을 해서 많이 먹기 이전에 포만감을 느끼는 것이 필요한데**, 아무리 맛있는 음식을 먹더라도 적당한 양을 먹고 나서는 "이제 배가 불러서 그만 먹어야겠다."라면서 숟가락 놓는 모습을 아이에게 보여주자.

반면 부모 자신이 체중 감량 중이어서 지나치게 음식을 절제하면서 먹는 것 자체를 혐오한다든지 하는 **음식에 대한 부정적인 모습을 아이에게 보여주는 것도 좋지 않다.** 아이는 아직 충분히 먹고 성장해야 될 시기로 음식에 대해 긍정적인 이미지를 심어서 건강한 식습관을 갖도록 도와주는 것이 더 중요하다.

●아이 스스로 음식을 고르게 한다

음식은 아이와 부모 사이의 꾸준한 갈등 원인이다. 아이가 건강하지 못한 메뉴를 고르거나 편식을 하는 등의 이유로 아이를 혼내기도 한다. 건강한 음식이든 건강하지 못한 음식이든 상관없이, 음식을 아이에게 어떤 보상의 수단이나 거래의 수단으로 사용하기도 한다. 하지만 음식은 그 자체로 배가 고플 때 건강한 영양 공급을 위해 먹어야 하는 것이지 **갈등이나 거래의 도구가 되어서는 안 된다.**

스스로의 독립심이 커가는 아이에게 음식에 관한 가장 좋은 원칙은 **건강한 음식과 적절한 식사 시간의 커다란 틀 안에서 아이 스스로 골라 먹게 하는 것**이다. 물론 건강한 메뉴를 제공할 때 아이가 많이 먹었으면 좋겠지만, 그렇다고 준비한 음식을 다 비우라는 식의 강요는 아이에게 거부감을 줄 뿐이다. 또한 평소보다 많은 양의 음식을 먹는 것은 이후의 식사에도 영향을 줄 뿐 아니라, 비만의 위험성도 있다. **아이 스스로 배가 고픈 정도가 어떤지를 알고 스스로 절제하는 방법을 배우는 것이 중요하다.** 하루 이틀 적게 먹는다고 아이의 건강에 큰 해를 끼치지 않는다. 오히려 배가 고플 때 스스로 절제하는 연습이 되지 않는다면 지금은 비만이 아니더라도 성인이 되었을 때 비만으로 진행될 확률이 높아지는 것이다.

● **음식으로 상을 주지 않는다**

많은 부모가 아이의 성적이나 착한 행동을 유발하기 위해 아이가 좋아하는 음식을 상으로 주거나 바쁜 생활로 아이를 돌볼 기회가 없는 죄책감을 음식으로 보상하려고도 한다. 이때 제공되는 음식은 대개 영양가가 떨어지는 건강하지 못한 음식으로 아이가 좋아하는 음식이 선택된다. 피자나 햄버거 등 지방이 많이 들어있는 음식이나 지나치게 당이 많은 음식들을 식탁에 쌓아두는 것은 아이를 위하는 것이 아니라, 아이 미래의 건강을 망치는 지름길이다. 비록 **건강한 음식이라고 하더라도 음식을 아이의 거래 수단으로 이용한다면 음식의 본래 목적을 상실하고, 아이는 음식이 자신의 건강을 지켜주는 소중한 존재라는 사실을 잊어버리게 된다.**

● **아이를 식사 준비에 참여시킨다**

아이는 자라면서 여러 사회적 관계를 경험하게 되면서 1~2세 이전처럼 부모가 제공하는 음식만 먹지는 않는다. 학교에 다니는 친구들과 가게에서 군것질을 하는 그 순간부터 아이는 스스로 자신이 먹을 음식의 종류를 선택하게 되는 것이다. 이때 대개 건강하지 못한 음식을 선택하는데, 이런 습관은 평생 이어질 수 있다. 하지만 어려서부터 아이와 함께 건강한 식사 준비를 함께 한다면 이런 일들을 어느 정도 예방할 수 있다.

우선 음식을 준비할 때 3대 영양소와 칼슘이나 철분 같은 무기질과 비타민이 골고루 분배한 있는 식단의 중요성을 아이에게 알려주고, **어떤 재료들을 고르면 좋을지 미리 이야기하면 좋다. 또한 마트에서 음식의 재료들을 고를 때에는 제품에 붙어 있는 영양 조성표들을 확인시키면서 이것들이 왜 필요한지를 설명하자.** 음식을 준비하는 부엌에서는 아이의 나이를 고려해서 아이에게 **위험하지 않고, 무리가 되지 않는 범위에서 과제를 주는 것도 음식에 대한 긍정적인 이미지를 줄 수 있다.** 식사 시간이 끝난 후에는 음식을 만든 엄마에게 감사의 표시를 하는 습관을 어려서부터 만드는 것도 음식을 소중히 여기는 마음을 길러준다.

● 아침 식사가 가장 중요하다

하루 3끼가 다 중요하지만, 그 중에서도 특히 학교를 다니는 아이라면 아침 식사가 가장 중요하다. 많은 조사에서 우리 아이의 30~40% 이상이 아침 식사를 하지 않는다고 하는데, 실제 여러 연구들에 따르면 **아침 식사를 하지 않았을 때 혈당이 떨어지고, 이로 인해 두뇌 활동의 저하가 온다고 한다.** 이런 영향을 주는 혈당지수가 아이에서는 더 높은 수치에서 일어나므로 어른보다도 아이가 배고픔에 더 민감하고 이는 곧 학교 성적으로 이어질 수 있다.

또한 같은 식사를 하더라도 혈당지수가 낮은 즉 혈당이 오래 유지되는 현미밥, 통밀빵, 겨 시리얼 등을 선택하는 경우 학업 상적이 더 우수하다는 연구 결과도 있다. 그렇다고 바쁜 생활에서 아이에게 거창한 아침 식사를 차려 주자는 것은 아니다. 작은 양이라도 알찬 메뉴면 충분하다. 그리고 건강한 음식으로 가능하면 아이가 좋아하는 메뉴를 아이 스스로 선택하게 만들자. 만약 아이가 아침부터 밥을 먹기 싫어한다면, 현미나 시리얼에 저지방 우유와 과일 정도면 무난하다. 땅콩버터를 바른 통밀빵에 과일 요구르트나 과일을 믹서에 간 것도 좋다. 혹시 아이가 배고프지 않아서 아침을 먹으려 하지 않는다면, 저녁 식사 시간이 너무 늦거나 지나치게 과식을 하는 것은 아닌지 확인하자.

● 학교에서의 점심 식사

학교에서의 급식이나 간식은 아이의 식생활에 많은 영향을 줄 수 있다. 요즘 대부분의 학교에서 급식이 이루어지고 있고, 훈련된 영양사가 식단을 짜지만 **부모의 메뉴에 대한 관심이 필요하다.** 집단 식중독을 대비하기 위해서 여러 명의 식사를 준비하는 요리사의 위생 상태나 감염성 질환의 보유 여부를 확인하는 것도 중요하다.

급식 이외에도 아이의 **학교 매점에서는 어떤 제품을 팔고 있는지도 확인하는 것이 필요하다.** 미국 학교에서는 탄산음료 자판기로 막대한 수입을 올리면서 아이들의 건강을

위협하는 일이 벌어지자 많은 학부모들이 문제를 제기하며, 아이들의 건강에 유용한 저지방 우유나 칼슘이 보강된 주스 등만 판매할 것을 요구하고 있다고 한다. 우리도 아이 학교에서 어떤 제품을 팔고 있는지 한번쯤 살펴볼 필요가 있고, 궁극적으로 아이가 이런 제품을 스스로 선택하지 않도록 가정에서도 지속적인 관심이 필요하다.

● 간식도 중요하다

어른은 간식을 식사 중간에 배가 고플 때 먹는 패스트푸드나 밤에 먹는 야참 같은 것으로 생각하기도 한다. 그래서 아이에게 간식을 준다는 것을 꺼려하는 부모도 있다. 밥 3끼만 잘 먹으면 될 것이라는 생각은 어른에게나 해당하는 일이다. 아이는 위의 용적이 어른보다 작기 때문에 하루 필요한 칼로리를 채우기에는 1회 먹는 양으로는 한계가 있다. 실제 하루 3끼를 충분히 잘 먹는 아이도 많지 않다. 또한 **간식은 일상적인 밥만으로는 부족할 수 있는 비타민이나 무기질 같은 영양소를 유제품이나 과일 등을 통해 보충할 수 있는 중요한 또 하나의 식사라고 할 수 있다.**

특히 취학 전의 아이는 하루 필요한 열량의 25%를 간식을 통해 보충을 한다. 특히 성장기 아이의 칼슘 보충을 위해서 **저지방 우유 같은 유제품**이나 칼슘이 보강된 주스 등은 필수적이고, **과일이나 통밀빵, 샌드위치** 정도면 충분하다. 대개 하루 2~3회 간식이 필요하고, 부족한 칼로리를 메우려는 욕심에 다음 식사에 영향을 줄만큼 많은 양이나 칼로리가 높은 음식을 준비하는 것은 피하는 것이 좋다.

● 편식하는 아이들을 위해서

편식을 하거나 잘 먹지 않는 아이의 부모에게는 무엇이든 잘 먹는 이웃집 아이가 부럽기만 하다. 하지만 모든 아이가 다 잘 먹는 것은 아니다. 특히 이전에는 잘 먹다가도 돌 이후에는 성장 속도가 느려지고 스스로 움직일 수 있는데다 흥미 있는 것들이 눈에 더 잘 들어와서 먹는 것에는 오히려 관심이 떨어져서 잘 안 먹기도 한다. 어떤 부모는 아이가 하루 1~2끼만 잘 먹는다고 걱정을 하기도 한다. 하루 3끼를 모두 건강한 식단으로 짜지 못해서 고민하기도 한다. 실제로 하루 3끼 중 1끼 정도만 제대로 먹는 경우가 대부분이다. **균형적인 식단이라는 것도 어린 아이에게는 하루를 기준으로 하기보다는 1~2주 전체로 보아서 넓게 판단해야 한다.** 모자란 열량을 간식으로 보충하거나 부족한 영양소를 다음날의 식사에서 보충해도 충분하다.

새로운 음식을 접하는 아이에게는 최소한 10~15회의 시도가 있어야 한다. 많은 경우 아이에게 한두 번 시도해보고, 아이가 잘 먹지 않는다고 포기하는 것은 **부모의 노력 부족이라고 볼 수도 있다.** 아이가 좋아하는 다른 방식으로 줄 수도 있다. 예를 들어 채소를 싫어한다면 믹서에 갈아서 아이가 좋아하는 요구르트나 과일에 섞어서 주는 방법을 선택할 수도 있다.

아이들이 본 식사 시에 잘 먹지 않는 많은 원인 중에는 간식으로 지나치게 많은 우유나 주스 등 액상 음료수를 먹거나, 영양은 떨어지지만 열량은 지나치게 많은 간식을 먹기 때문일 수도 있다. **간식으로 열량을 보충하는 것은 필요하지만 지나친 양이나 건강에 좋지 않은 메뉴는 본 식사의 양을 줄이게 된다. 만약 아이가 정성껏 차려 놓은 음식을 먹기 싫다고 한다면 과감히 한 끼를 굶겨라.** 한 끼 굶는다고 아이 건강에 큰 해가 미치지 않으며 새로운 아이의 입맛에 맞는 메뉴를 다시 차리기 시작하면 아이의 식습관은 앞으로 더욱 고치기 힘들 수 있다.

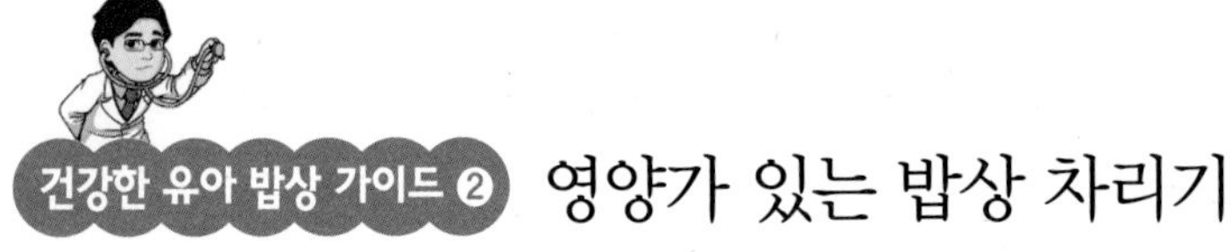

건강한 유아 밥상 가이드 ❷ 영양가 있는 밥상 차리기

균형 잡힌 식사가 되기 위해서 6가지 식품을 골고루 섭취해야 한다. 한국영양학회에서는 2010년 12월부터 새로운 개념인 '식품 구성 자전거' 안을 제시하였다. **식품 구성 자전거는 6개의 식품군에 권장 식사 패턴의 섭취 횟수와 분량에 맞추어 바퀴 면적을 배분하였다. 다양한 식품 섭취를 통한 균형 잡힌 식사와 수분 섭취의 중요성을 강조**하였고, 비만 예방을 위해서 **적절한 운동이 필요하다는 것을 표현하였다.** 또한 **견과류를 곡류 다음으로 많이 섭취해야 할 단백질로 재평가한 것도 특징이라고 할 수 있다.**

식품군별 대표 식품의 1인 1회 분량

식품군	1인 1회 분량
곡류	밥 1공기(210g), 국수 1대접(건면 100g), 식빵(대) 2쪽(100g), 감자(중) 1개(130g)*, 시리얼 1접시(40g)
고기 · 생선 · 달걀 · 콩류	육류 1접시(생 60g), 닭고기 1조각(생 60g), 생선 1토막(생 60g), 달걀 1개(60g), 두부 2조각(80g)
채소류	콩나물 1접시(생 70g), 시금치 나물 1접시(생 70g), 배추김치 1접시(40g), 오이 소박이 1접시(60g), 버섯 1접시(생 30g), 물미역 1접시(생 30g)
과일류	사과(중) 1/2개(100g), 귤(중) 1개(100g), 참외(중) 1/2개(200g), 포도(중) 15알(100g), 오렌지 주스 1/2컵(100g)
우유 · 유제품류	우유 1컵(200g), 호상 요구르트 1/2컵(100g), 액상 요구르트 3/4컵(100g), 아이스크림 1/2컵(100g), 치즈 1장(20g)*
유지 · 당류	식용유 1작은술(5g), 버터 1작은술(5g), 마요네즈 1작은술(5g), 설탕 1큰술(10g), 커피믹스 1봉(12g)

* 다른 식품들 1회 분량의 1/2 에너지를 함유하고 있으므로 식단 작성 시 0.5회로 간주함

– 자료출처 : 사)한국영양학회, 한국인 영양섭취기준 개정판, 2010

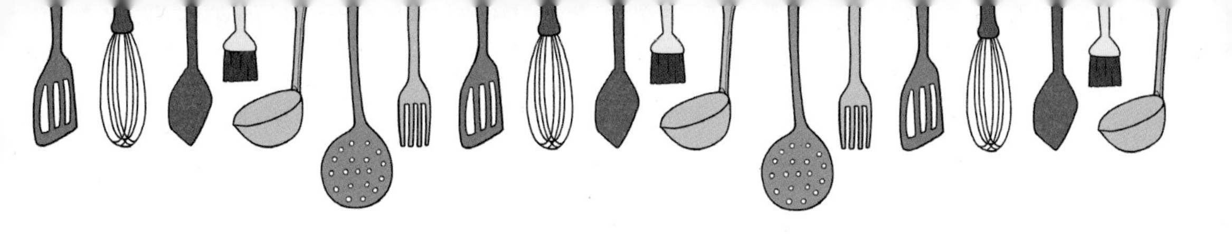

식품 구성 자전거
다양한 식품을 매일 필요한 만큼 섭취하여
균형 잡힌 식사를 유지하며, 규칙적인 운동으로
건강을 지켜 나갈 수 있다는 것을
표현하고 있다.

건강한 유아 밥상 가이드 ③ 안전한 음식 만들기

●식중독을 예방하기 위한 안전한 음식 관리

바이러스나 세균 등 오염된 음식이나 조리 기구에 의해 생기는 급성 위장관염을 통칭하여 식중독이라고 한다. 또한 음식에 의한 경우는 아니지만, 급식을 하는 경우 물이 바이러스 등에 오염되었을 경우 집단 발병을 유발하기도 한다. 식중독을 예방하기 위해서는 요리를 하는 사람 및 요리 기구의 위생 관리, 요리 재료들의 위생적인 보관 등이 중요하다. 다음은 사랑스런 아이의 음식을 만드는 부모라면 반드시 지켜야할 안전한 음식 관리의 지침이다.

① 완전히 익히지 않거나 제대로 냉동되지 않은 닭, 돼지, 소고기, 생선, 달걀 등은 아이에게 주지 않는다.

② 포장된 음식을 살 경우 완전히 밀봉이 되지 않거나 캔 음식의 경우 손상된 부위나 튀어나온 부위가 있다면 사지 않는다. 유통기한이 얼마 남지 않은 음식을 단순히 싸다는 이유로 사지 않는다.

③ 쇼핑 후 집으로 돌아오면 제일 먼저 음식들을 냉장고에 보관해야 하는데, 고기, 닭, 생선, 달걀들을 각자 따로 보관함을 만들어서 다른 음식들과 직접 접촉이 없게 보관해야 한다.

④ 냉동된 음식 재료를 해동할 때는 실온에 두기보다는 우선 냉장실을 거쳐서 해동하는 것이 좋다.

⑤ **손 씻기를 철저히 한다.** 물에 대충 비비는 정도로는 효과가 없으며, 흐르는 따뜻한 물에 비누를 묻혀서 최소 20초 이상 구석구석 씻어야 한다. 손바닥, 손등, 손가락 사이,

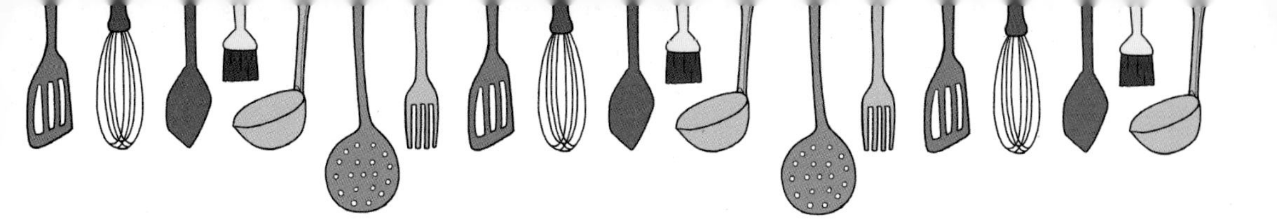

손톱, 손목 순으로 빠지지 말고 씻어야 하며, 특히 조리되지 않은 고기, 생선 등을 다듬은 후에는 다른 재료를 만지기 전에 반드시 씻도록 한다.

⑥ **요리되지 않은 닭, 돼지, 소고기, 생선 등을 손질한 후에는 요리 기구 등을 교체하고, 다른 재료를 이용하기 전에 부엌 주방을 씻도록 한다.**

⑦ 음식을 자르는 도마는 나무로 된 홈이 있다면 그 사이에 세균이 번식할 수 있으므로 가급적이면 플라스틱 도마를 사용하고, 고기를 다듬는 데 사용하는 도마와 다른 재료를 다듬을 때 사용하는 도마를 구분해서 사용하는 것이 좋다.

⑧ 온도계가 있다면 소고기나 돼지고기 같은 붉은색 고기를 요리할 때는 내부 온도가 71도(160F)이상 되어서 고기 안쪽이 갈색이나 회색이 되도록 해야 하며, 닭고기 같은 가금류는 내부 온도가 82도(180F)이상 되어서 육수가 흘러나올 때까지 익혀야 한다.

⑨ 조리 후 남은 재료는 실온에서 1시간 이상 방치하지 말고, 냉장고에 보관해야 한다. 이때 음식을 보관하는 냉장고의 온도는 냉장실의 경우 4도(40F) 이하로, 냉동실의 경우는 −18도(0F) 이하로 유지하는 것이 좋다.

⑩ 고기, 닭 요리 시 사용한 주방 기구나 행주들은 뜨거운 물에 자주 씻도록 한다.

⑪ 후식으로 주로 먹는 과일이나 채소들도 잘 씻어서 먹어야 한다.

⑫ 먹다 남은 음식은 가급적이면 버리는 것이 좋지만, 실온에서는 2시간 이상 보관하면 안 되고, 냉장고에 보관 시에는 다른 요리되지 않은 음식과 접촉이 되지 않도록 한다. 보관해 둔 이미 요리된 음식은 반드시 철저히 익혀서 먹어야 한다.

⑬ 날달걀이나 파스퇴르 과정에 의해 살균 처리되지 않은 소규모로 만든 우유나 과일 주스는 먹어서는 안 된다.

⑭ 이상한 냄새나 맛이 나는 음식이나 무언가 의심이 가는 음식들은 유통기한이 넘지 않았더라도 버리는 것이 안전하다.

⑮ 집에 반려동물을 키우고 있다면 주방 주위로는 접근을 못하게 해야 하며 주기적으로 쥐나 바퀴벌레 등이 생기지 않도록 철저히 관리한다.

● 영양 성분표(Food label)를 확인한다

영 양 성 분

1회분량 oo (00 g)
총 oo 회분량(00 g)

1회분량당 함량		*%영양소 기준치
열량	O㎉	
탄수화물	O g	O%
단백질	O g	O%
지방	O g	O%
나트륨	O㎎	O%

*%영양소기준치: 1일 영양소기준치에 대한 비율

영 양 성 분

1회분량 oo (00 g)
총 oo 회분량(00 g)

1회분량당 함량		*%영양소 기준치
열량	O㎉	
탄수화물	Og	O%
식이섬유	Og	O%
당류	Og	
단백질	Og	O%
지방	Og	O%
포화지방산	Og	O%
불포화지방산	Og	
콜레스테롤	O㎎	O%
나트륨	O㎎	O%
칼슘	O㎎	O%
철	O㎎	O%

*%영양소기준치: 1일 영양소기준치에 대한 비율

Nutrition Facts

Serving Size 2 crackers (14 g)
Servings Per Container About 21

Amount Per Serving	
Calories 60 Calories from Fat 15	
	% Daily Value*
Total Fat 1.5g	2%
Saturated Fat 0g	0%
Trans Fat 0g	
Cholesterol 0mg	0%
Sodium 70mg	3%
Total Carbohydrate 10g	3%
Dietary Fiber Less than 1g	3%
Sugars 0g	
Protein 2g	

Vitamin A 0% • Vitamin C 0%
Calcium 0% • Iron 2%

* Percent Daily Values are based on a 2,000 calorie diet. Your daily values may be higher or lower depending on your calorie needs:

	Calories:	2,000	2,500
Total Fat	Less than	65g	80g
Sat Fat	Less than	20g	25g
Cholesterol	Less than	300mg	300mg
Sodium	Less than	2400mg	2400mg
Total Carbohydrate		300g	375g
Dietary Fiber		25g	30g

우리가 마트에서 구입하는 대부분의 음식들 특히 아이가 잘 먹는 우유, 주스, 시리얼 등에는 다른 제품에 비해서 영양 성분 표시가 잘 되어 있다. 우리 아이가 먹는 음식들에 3대 영양소가 얼마나 포함되어 있으며 지방, 콜레스테롤, 나트륨 등은 지나치게 많지는 않은지 이제부터 장을 볼 때는 꼼꼼히 살피는 연습이 필요하다.

영양 조성표를 읽을 때 중요한 것은 표시된 정보가 어떤 양을 기준으로 하는지 확인하는 것이다. 대개 제시하고 있는 양이 1인분 기준이고, 1일 한국인 권장량에서의 비율을 표시하고 있다는 것을 알고 있어야 한다. 하지만 제품의 종류에 따라서는 1인분이나 1회분이 아닌 g단위로 표시해서 사람들을 혼동시키기도 한다. 이때는 같은 기준의 제품과 비교하거나 1회분의 양을 확인하는 것이 필요하고, 하루 총 먹는 양을 생각해야만 1일 한

국인의 권장량에서 차지하는 비율과 비교할 수 있다.

예를 들어서 100ml 기준으로 표시된 우유에 표기된 양은 하루 먹는 양으로 곱해서 생각하면, 100g을 기준으로 표시된 치즈 조성표의 경우는 1장당(대개 18g) 해당하는 양을 계산한다. 그래서 대부분 라면 봉지에 붙어있는 영양 조성표를 보면 1인분의 양에는 나트륨이 하루 권장량의 50~60%를 포함하고 있어 라면 2개를 먹을 경우에는 하루 권장량 이상의 소금을 섭취했다는 사실을 알 수 있다. 또한 칼슘이 함유되어 있다고 선전하는 오렌지 주스의 경우 일반 사람들이 보기에는 칼슘 함량만 표기되어 칼슘이 많이 포함되어 있는 것처럼 생각할 수 있지만, 실제 영양 조성표에 표기된 양은 100ml당 불과 20mg 밖에 들어 있지 않아 실소를 자아낸다.

● 패스트푸드는 절대 먹이지 말아야 하나

고칼로리의 영양가 없는 식품으로 낙인이 찍혀 있는 패스트푸드를 우리 아이에게는 절대 먹여서는 안 되는 것일까? 건강에 좋지 않다는 것을 알면서도 그 맛을 잊지 못해 가끔 찾는 패스트푸드를 아이에게 무조건 접할 수 없게 만들기에는 힘든 실정이다.

일반적으로 아이가 먹는 크기인 중간 크기의 햄버거 세트 메뉴나 피자 2조각으로도 하루 필요량의 절반 이상을 차지해서 초과 열량과 지방에 의한 문제를 생각하지 않을 수 없다. 그래서 가장 현명하게 대처하는 방법으로, 가끔씩 먹더라도 **가장 작은 크기(size)를 선택**하고 그나마 **가장 건강에 유익한 메뉴를 선택하도록 도와주는 것이다.** 햄버거를 먹을 때 **통밀빵**으로 만들거나 샌드위치로 된 것을 고르고, 고기는 지방이 적은 닭 가슴살로, 치즈 대신에 채소가 듬뿍 들어 있는 가장 작은 크기로 먹을 것을 추천한다. 피자의 경우도 얇은 빵에 치즈 크러스트는 없는 것으로, 베이컨보다는 토마토, 버섯, 고추, 양파 같은 채소나 과일로 토핑된 것을 선택해서 중간 크기의 경우 2조각 이상 먹지 않도록 한다. 그리고 패스트푸드를 먹은 그 날이나 그 다음날에는 다른 건강한 음식을 제공해서 건강의 균형을 맞추려는 노력도 필요하다.

● 뷔페에서 건강한 메뉴를 고르는 모습을 보인다

여러 가지 메뉴를 골라먹는 패밀리 레스토랑이나 뷔페에서는 **어른들이 먼저 건강에 좋은 샐러드 바를 자주 이용하고, 튀긴 음식보다는 석쇠에 구운 음식을 선택하는 모습을 보이도록 한다. 고기**를 먹을 때도 닭 가슴살, 소고기 안심처럼 **지방이 적은 부위를 선택하고,** 드레싱을 할 때도 지방이 적은 것을 선택하며 마요네즈보다는 머스터드를 선택한다. 같이 먹는 음료수나 디저트에서도 칼로리, 지방, 카페인이 많은 탄산음료나 아이스크림 대신에 저지방이나 무지방 우유, 100% 과일 주스, 저지방 요구르트, 셔벗 등을 선택하는 것이 좋다.

● 수은 함유한 생선

질 좋은 단백질과 우리 몸에 유용한 오메가 3 지방을 함유해서 우리 식탁에 자주 오르는 생선이나 조개들 중에는 **수은 함유의 논란**에 휩싸인 것들이 있다. 특히 임산부, 수유부나 어린 아이는 먹는 횟수를 제한해야 한다고 미국 식품의약품안전청(FDA)과 환경협회(EPA) 등에서 주장하고 있으며 기준을 제시하고 있다. 국내에서는 아직 확실한 기준이 없기에 주로 미국의 기준을 참고하고 있다.

일반 환경에서 자연스럽게 생긴 수은은 공기를 통해 떠다니다가 물에 녹아서 수중에 사는 생선들이 먹게 되고, 이 생선들을 다시 인간이 먹게 되면 우리 몸에 수은이 축적된다. 이렇게 먹은 수은도 몸 밖으로 배출은 되지만, 그 속도가 느려서 많은 BX 수은 축적의 위험이 많은 심해에 사는 큰 생선들을 먹는 횟수를 제한해야 한다고 주장하고 있다. 하지만 가끔 먹었을 경우는 큰 문제가 되지 않는다.

● 아이에게 좋은 음료수

아이의 수분 보충과 칼슘의 보충을 위해서 가장 적절한 음료수로 2~6세는 저지방(혹은 무지방) 우유 300ml, 100% 과일 주스 100ml 정도가 적당하고, 6세 이후의 아이에게는 저지방(혹은 무지방) 우유 500ml, 100% 과일 주스 150ml 정도가 적당하다.

생우유의 경우 두유나 산양 우유에 비해서 영양학적으로 가장 우수하며 칼슘의 가장 좋은 공급원이지만 지나치게 많은 양을 먹을 경우 변비, 빈혈 등을 유발할 수 있다. 또한 너무 많이 먹게 되면 식사의 양을 줄이고 비만 등의 위험을 초래할 수 있다. 100% 과일 주스의 경우 비타민의 좋은 공급원이지만 지나치게 마실 경우 우유나 다른 식사의 양을 제한할 수 있다. 또한 당성분이 포함되어 있어서 충치가 생길 위험도 증가한다. 만약 100% 과일 주스가 아닌 과일 맛만 나는 음료수인 경우 일반 탄산음료와 다를 바 없다.

많은 부모들이 우유를 싫어하는 아이에게 마시게 하는 **딸기맛, 바나나맛 등의 우유**도 추천하는데, 실제로 **일반 탄산음료나 과일 주스에 비해 당 성분은 적고, 칼슘은 일반 우유의 70~80% 수준이므로 생우유의 대체 음료수로 좋다.**

더운 여름에 땀을 많이 흘리는 아이에게 **이온 음료**를 추천하는데, **1시간 이상 격렬히 운동을 한 경우 손실된 수분과 전해질을 보충하는 데는 유용하지만, 일반적인 경우에는 우리 몸에서 스스로 균형을 맞추기 때문에 물을 마시는 것과 효과가 같다.** 이온 음료는 칼로리를 포함하고 있어 불필요한 칼로리를 흡수하는 결과로 나타난다.

이외에 일반 탄산음료들의 경우 청량감으로 일시적인 갈증 해소의 느낌을 주기는 하지만, 위, 장에서 불필요한 거품을 만들어서 소화를 만들고 지나치게 많은 당 성분과 카페인 성분으로 탈수를 조장한다.

● 가능하면 유기농으로 먹는다

마트에 가면 유기농으로 재배한 많은 과일과 채소들을 발견할 수 있다. 이 중에서도 특

히 유기농으로 고르는 것이 필요한 과일과 채소가 있다. 매년 미국의 환경단체(EWG)에서는 농약 성분의 검출 확률이 높은 음식과 안전하게 먹을 수 있는 음식의 순위를 발표하고 있다.

2018 Dirty Dozen(농약 성분의 검출 확률이 높은 재료)	2018 Clean 15(농약 성분이 적게 검출되는 재료)
① 딸기	① 아보카도
② 시금치	② 사탕 옥수수
③ 천도복숭아	③ 파인애플
④ 사과	④ 양배추
⑤ 포도	⑤ 양파
⑥ 복숭아	⑥ 스위트피
⑦ 체리	⑦ 파파야
⑧ 서양 배	⑧ 아스파라거스
⑨ 토마토	⑨ 망고
⑩ 셀러리	⑩ 가지
⑪ 감자	⑪ 멜론
⑫ 피망, 파프리카	⑫ 키위
	⑬ 칸탈로프
	⑭ 콜리플라워
	⑮ 브로콜리

건강한 유아 밥상 가이드 ④ 열량과 영양소

● 아이에게 필요한 하루 열량

우리가 먹은 음식이 몸속에서 산화되고, 대사되면서 발생하는 에너지를 수치상으로 표시한 것을 '칼로리'라고 부른다. 이때 1칼로리는 1g의 물을 섭씨 1도 올리는데 필요한 열량을 의미한다. 우리 몸에 필요한 열량은 생존에 필요한 최소한의 에너지를 의미하는 기초 대사량, 음식 섭취와 소화에 필요한 에너지 소비량, 신체 활동에 필요한 에너지 소비량, 성장에 필요한 에너지 소비량의 합으로 생각할 수 있다.

이 중 아이의 성장에 필요한 열량은 전체 열량 중 1세 이전이 40%, 1세에 20%, 2세에 5%, 5세 이후에 2%로 차지하는 비율이 감소하는 한편, 활동에 필요한 열량은 증가한다.

열량이 높다고 영양가 있는 음식을 의미하는 것은 아니다. 그러나 최소한 아이의 성장과 신체활동에 필요한 열량이 어느 정도인지 아는 것은 음식의 종류를 선택하는 데 도움이 된다.

실제 우리가 하루에 먹는 음식의 칼로리를 일반인이 계산하는 것은 쉽지 않은 일이다. 그러나 대개 나이별로 어느 정도의 칼로리가 필요한지 알고 현재 주로 먹고 있는 음식의 칼로리와 비교하는 것은 건강한 식단을 짜는 데 도움이 될 수 있다.

대표적인 방법으로 몸무게로 하루 필요한 열량을 계산하는 다음과 같은 약식 계산법을 이용한다.

- **0~10kg** : 100kcal × 몸무게(kg)
- **11~20kg** : 1000kcal + (몸무게-10) × 50
- **20kg 이상** : 1500kcal + (몸무게-20) × 20

● 부족한 칼로리를 보충한다

많은 부모들이 다른 아이보다 몸무게가 적게 나가거나 성장이 뒤쳐지는 내 아이의 영양 보충에 많은 고민과 투자를 한다. 아이의 뒤쳐진 성장을 보충하기 위해서는 해당 나이에 맞춰서 제시된 열량보다 많은 열량을 내고 단백질이 풍부한 음식을 제공하는 것이 필요하다.

아이의 키와 체중을 늘리기 위해서는 우선 정규 식사 시간에 먹는 양이 늘어야 하는데, 현재 잘 먹는 것처럼 보여도 다른 아이에 비해서 뒤쳐져 있는 키와 체중을 따라 가려면 더 많이 먹어야 한다.

어른 밥 1공기를 기준으로, 2~3세 아이들은 1/3공기, 4~6세 아이들은 1/2공기, 7~11세 아이들은 2/3공기를 목표로 먹여 보는 것이 필요하다.

밥 이외에 단백질이 풍부한 고기, 생선, 달걀 셋 중에 한 가지는 항상 반찬으로 같이 먹이는 것이 중요하다. 성장기에 있는 아이는 채소를 잘 먹는 것보다 단백질 반찬을 잘 먹는 것이 더 필요하기 때문이다.

간식 중에서는 우유가 좋으며, 2세 이후의 아이라면 저지방 우유로 최소한 하루 300~400㎖를 준비해 주는 것이 좋다. 아이가 먹는 간식이나 식사 시의 밀크셰이크나 치즈, 땅콩버터를 같이 먹이는 것도 열량을 높이는 데 도움이 된다. 또한 우유나 요거트 등에 과일을 갈아서 넣어주는 것도 좋다.

● 몸에서 제일 먼저 사용되는 탄수화물

탄수화물을 포함한 음식에서 분해된 포도당은 우리 몸이 활동을 할 때 가장 먼저 사용하는 영양소다. 탄수화물은 하루 열량 섭취의 50~60%를 차지하며 이들이 부족할 때 대신 이용하는 단백질이나 지방의 활동을 보존하는 장점도 있다.

그러나 지나치게 많은 양을 섭취하면 사용하지 않아서 남게 되는 포도당들은 간과 근육에서 글리코겐의 형태로 저장되고, 이들의 일부는 지방으로 전환되어서 우리 몸에 쌓

이면서 비만을 유발할 수 있다. 반면 적게 섭취할 때는 지방 성분들이 포도당으로 전환되기 때문에 하루에 최소 필요한 탄수화물의 양은 없다고 할 수 있다.

● 적절한 양의 식이섬유 섭취가 필요하다

탄수화물 중 인체의 소화효소로 분해되지 않는 것들을 식이섬유라고 부른다. 대개 채소나 과일, 콩류, 도정을 하지 않은 전곡류인 현미나 통밀, 겨 등에 많이 들어 있다. 특히 식이섬유가 많이 포함되어 있는 것으로 알려진 과일과 채소로는 사과, 오렌지, 브로콜리, 서양 배, 무화과, 당근, 프룬 등이 있다. 최근 들어 어려서부터의 식이섬유 섭취가 심장병, 대장암, 비만 같은 성인병의 예방에 필수적이라는 연구 결과들이 속속 보고되면서 관심을 끌고 있다.

하지만 모든 것이 지나친 것은 좋지 않듯이 식이섬유를 특히 어린이(3세 이하)에게 적정량 이상을 먹이는 것은 오히려 해로울 수도 있다. 식이섬유가 열량이 낮아서 아이가 필요한 열량을 얻는데 어렵고, 칼슘, 철분, 아연 같은 필수적인 무기질의 흡수를 방해할 수 있기 때문이다. 이외에도 많은 양의 식이섬유를 먹는 것은 장에 가스를 차게 만드는 데, 이를 예방하기 위해서는 충분한 양의 물을 같이 먹는 것이 도움이 된다.

● 혈당지수(GI)가 낮은 제품을 선택한다

우리 몸에 탄수화물이 들어와서 포도당으로 분해가 되면, 혈당이 올라가게 된다. 이에 대한 반응으로 췌장에서는 인슐린이라는 물질을 내보내서 포도당을 세포 내로 흡수시켜 사용하게 된다. 이때 필요한 양 이상의 당 성분은 지방으로 전환되어 저장된다.

그런데 혈당지수가 높은 음식은 탄수화물이 분해되는 속도가 빨라 혈당은 쉽게 올라가고 바로 사용되지 못하며 당 성분은 지방으로 저장되는 양이 증가한다. 반대로 혈당지수

가 낮은 음식은 혈당을 늦게 올리고, 여유 있게 당 성분을 세포에서 사용할 수 있게 만들기에 불필요한 당이 지방으로 전환될 확률이 적어진다. 덕분에 비만으로의 진행을 예방할 수 있고, 포만감도 오래 유지되어서 추가적인 에너지 섭취를 막을 수 있다. 다음은 일반적으로 알려진 제품들의 혈당지수다.

혈당지수	식품
High(70 이상)	설탕(109), 맥아당(105), 설탕(99), 바게트(93), 초콜릿(91), 식빵(91), 감자(90), 벌꿀(88), 도넛(86), 구운 감자(85), 흰쌀밥(84), 딸기잼(82), 케이크(82), 우동(80), 당근(80), 쿠키(77), 옥수수(75), 튀긴 감자(75), 베이글(75), 으깬 감자(70), 크래커(70)
Medium(56~69)	크로와상(68), 스파게티(65), 보리(65), 아이스크림(65), 파인애플(65), 호박(65), 토란(64), 황도 통조림(63), 호밀빵(58), 건포도(57), 현미밥(56)
Low(55 이하)	바나나(55), 오트밀(귀리)(55), 메밀 국수(54), 푸딩(52), 포도(50), 통밀빵(50), 젤리(46), 우엉(45), 유부(43), 두부(42), 100% 오렌지 주스(42), 복숭아(41), 생크림(39), 감(37), 사과(36), 맥주(34), 귤(33), 크림치즈(33), 배(32), 오렌지(31), 치즈(31), 버터(30), 토마토(30), 과당(30), 딸기(29), 콩(25), 아몬드(25), 오이(23), 땅콩(22), 대두(20), 시금치(15), 요구르트(14), 인공 감미료(10) * 대부분의 육류, 어패류 40~50

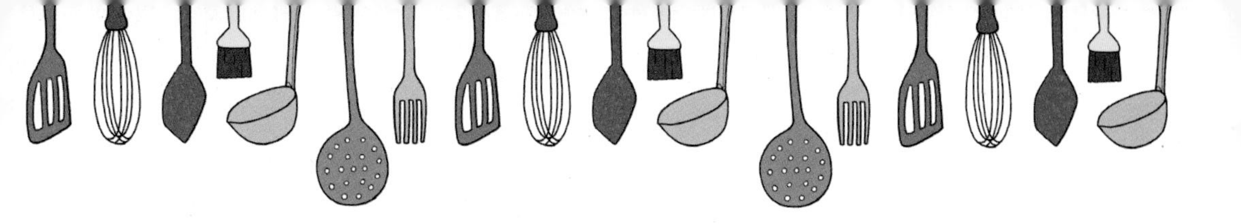

●우리 몸의 중요한 구성 성분인 단백질

우리 몸에 필요한 3대 영양소의 역할을 군대에 비유하자면 탄수화물은 일선에서 싸우는 전방 부대, 지방은 필요시 지원이 가능한 후방 부대, 단백질은 이 부대들을 지휘하는 사령부라고 할 수 있다.

신체 활동에 직접 이용되는 탄수화물과는 달리, 단백질은 우리 인체를 구성하는 각종 세포나 호르몬의 중요한 성분으로 각종 합성이 활발한 성장기에는 더욱 중요한 영양소다. 음식으로 섭취한 단백질은 일단 소화효소에 의해서 아미노산으로 분해되고, 다시 아미노산은 체내에서 필요한 단백질로 합성된다.

탄수화물이나 지방과는 달리 단백질은 실제 필요한 양 이상을 섭취하더라도 포도당이나 지방으로 전환되기는 하지만, 단백질이나 아미노산 자체로 우리 몸에 저장되지는 않기에 성장기의 어린이는 단백질을 매번 섭취를 해야 한다. 또한 필수 아미노산이 충분한 양질의 단백질 섭취가 중요하며 성장기 아이에게는 동물성 단백질을 전체 단백질 공급원의 2/3 정도로 이용하고 나머지를 식물성 단백질로 채우는 것이 좋다.

●성장에 더욱 필요한 지방

지방은 3대 영양소 중 가장 많은 열량을 만들어내는 영양소로, 먹을 것이 풍부하지 못한 경우 에너지의 공급처로 유용하게 쓰인다. 또한 각종 세포의 구성 성분으로 이용되며 우리 몸에 필수 지방을 공급하고 지용성 비타민의 흡수를 돕는 등 우리 몸의 성장과 발육에 필수적이다. 그래서 성장과 발육이 왕성한 유・소아기에는 특히나 많은 양의 지방이 필요하다.

성장이 왕성한 2세 이전에는 전체 열량 중 지방이 차지하는 비율은 30~50%로 높게 유지해야 하고, 2세 이후에는 지방이 우리 몸에 축적되어서 나타날 수 있는 여러 가지 문제들 때문에 30%로 제한하여도 성장에는 지장이 없다.

하지만 일반인이 전체 열량에서 지방이 차지하는 비율을 실제 식단에서 비슷하게 적용하기란 쉬운 일은 아니기 때문에 실제 생활에서는 가능하면 저지방(혹은 무지방), 저콜레스테롤 제품을 고르고 포화 지방과 트랜스지방이 포함된 음식은 배제하는 식단을 짜려는 노력을 하는 것으로도 충분하다.

우리 아이의 두뇌가 가장 급속히 발달하는 영유아기에 특히 필요한 것이 필수 지방으로 인체에서 합성할 수 없어서 음식을 통해 섭취해야 한다. 아이의 성장을 위해서도 총 칼로리의 3%는 필수 지방으로 공급해야 한다. 필수 지방으로 우리에게 잘 알려진 오메가 3와 오메가 6가 있다.

● 우리 몸에 필수적인 무기질과 비타민

비타민은 동물이나 식물에서 얻고, 무기질은 흙이나 물로부터 얻을 수 있다. 비타민과 무기질을 흡수한 식물이나 그것을 먹은 동물을 사람이 섭취함으로써 얻을 수 있다. 비타민과 무기질은 우리 몸의 면역 체계를 강화하고, 세포와 장기들의 활동을 도와주며, 인체의 성장과 발달에 중요한 역할을 한다. 인체를 하나의 커다란 기계에 비유하자면, 비타민과 무기질은 하나의 볼트나 너트처럼 크기는 작지만 꼭 필요한 존재들이다.

무기질에는 칼슘, 인, 마그네슘, 나트륨, 염소, 칼륨처럼 1일 100mg 이상이 필요한 다량 무기질과 이보다는 소량이 필요한 철, 구리, 크롬, 불소, 셀레늄, 망간 등의 소량 무기질이 있다. 비타민에는 지방과 결합되어 운반되는 지용성 비타민인 A, D, E, K와 수용성 비타민인 B 계열, C가 있다.

지용성 비타민은 몸에 축적될 수 있어서 과량을 먹었을 경우 독성이 있을 수 있지만, 수용성 비타민은 몸에 축적되는 일은 거의 없고 결핍되는 경우도 드물어서 일상적인 식사로 충분히 보충된다.

● 뼈를 튼튼하게 만드는 칼슘

칼슘은 인체에서 가장 많은 양을 차지하는 무기질로 이 중 99%는 뼈에 존재해서 우리 몸의 골격형성에 중요한 역할을 한다. 나머지 1%가 체액에 존재해서 근육과 신경의 활동, 호르몬과 소화 효소의 분비 등 우리 몸이 제대로 움직이는 데 기여한다.

뼈 속의 칼슘은 소아기, 청소년기에는 뼈를 만드는 데 기여한다. 20대 이후부터는 새로 만들어지지 않기 때문에 성장기에 충분한 칼슘을 섭취하지 못하면 골다공증이 생길 위험이 높아진다. 골격을 튼튼하게 만드는 데는 칼슘의 역할과 함께 걷기, 달리기와 같은 규칙적인 운동을 함께 하는 것이 중요하다.

- **취학 전 아이** : 저지방(혹은 무지방) 우유 300ml + 영아용 치즈 1장
- **초등학생** : 저지방(혹은 무지방) 우유 500ml + 치즈 1장 + 요거트 1개
- **사춘기** : 저지방(혹은 무지방) 우유 500ml + 치즈 1장 +요거트 1개 + 칼슘 강화 주스 1잔

● 지능 발달에 중요한 철분

빈혈은 우리 몸에 필수적인 산소를 운반하는 적혈구 능력의 감소를 의미한다, 철분 결핍은 빈혈의 가장 흔한 원인이다. 이러한 철분 결핍은 지능 발달과 언어 능력, 운동 능력의 발달에 미치는 영향이 크다는 것이 최근 밝혀지면서 그 중요성이 강조되고 있다.

실제 연구 결과에서도 철 결핍이 있는 아이들의 정신운동성 검사 수치가 낮았지만. 철분 보충으로 회복되었다고 하는 연구 결과도 있다. 특히 출생 후 첫 2년 동안과 사춘기에는 성장에 따른 철 요구량이 증가하여 철 결핍이 생기기 쉬운 시기로 철분 공급에 신경써야 한다.

성장기의 소아, 청소년들에게 줄 수 있는 철분이 풍부한 음식으로, 소고기, 닭고기, 참치, 새우와 완두콩, 땅콩버터, 자두, 말린 과일 등과 시금치, 케일 등의 잎이 있는 녹색인 채소 등이 있다.

제대로 알고 제대로 먹기

1. 콩류(강낭콩, 완두콩, 팥)

단백질과 섬유소는 풍부하고 지방은 적다. 엽산과 비타민 B 계열, 비타민 K 등이 풍부하고, 완두콩은 비타민 A, C도 풍부하다. 미네랄 중 칼륨이 특히 풍부하고, 철분, 아연, 망간도 풍부하다. 강낭콩과 팥은 완두콩에 비해서 단백질, 미네랄이 더욱 풍부하고, 완두콩이나 콩나물은 비타민이 더 풍부하다.

★ 제대로 먹어요

알레르기를 잘 유발하지는 않지만, 가스를 많이 생성시킨다. 2cm 미만의 얕은 물에 넣고 찌거나 끓이는 것이 영양소 손실을 최소화할 수 있다. 500mg의 녹색 콩을 끓이는 데 최소한 15분이 필요하다. 지나치게 요리하는 것은 아이에게는 부드럽게 만들어 주는 것이기 때문에 좋을 수 있다.

신선한 완두콩은 냉장고에서 5일간 보관할 수 있다. 신선한 완두콩을 고르기 위해서는 큰 것보다 중간 크기로 단단해 보이는 것을 고른다. 또한 손으로 만지면 단추를 만지는 듯한 기분이 드는 것이 좋고, 밝은 녹색을 띄는 것이 좋다.

같이 먹으면 좋아요

사과, 포도, 당근, 감자, 고구마, 쥬키니, 닭고기, 돼지고기, 소고기, 두부

★ 이런 효과가 있어요

빈혈 예방, 심장 질환 당뇨 및 체중 감소, 장 건강 및 대장암 예방, 뼈 건강

★ 주의하세요

강낭콩이나 팥에는 독성이 있어서 독성을 없애기 위해서 100도에서 10분간 끓여야 한다. 80도 정도로만 끓이면 오히려 독성이 5배 증가한다. 요산으로 대사되는 퓨린 함량이 높아서 요산이 축적되는 질환인 통풍 환자는 주의를 요한다.

2. 옥수수

단백질과 탄수화물이 적당히 포함되어 있어서 에너지 보충에 적절하다. 비타민 중에서는 엽산, 티아민(비타민 B1), 비타민 C가 풍부하고, 미네랄 중에서는 칼륨, 인, 망간 등이 풍부하다. 섬유소가 풍부하다.

★ 제대로 먹어요

옥수수는 채소라기보다는 곡류로 보아야 한다. 옥수수는 껍질을 끝까지 벗겨 보아서 밑동 부분의 상태가 양호한지 확인하는 것이 필요하고 만졌을 때 약간 단단한 것이 좋다. 옥수수는 냉장고에 보관하는 것이 좋은데, 껍질을 벗기지 않은 것은 오래 보관할 수 있으나 벗겨 놓은 것은 2일 이내에 먹는 것이 좋다.

같이 먹으면 좋아요

사과, 당근, 콩, 감자, 닭고기, 돼지고기, 소고기

★ 이런 효과가 있어요

심장 질환, 당뇨, 인지 능력 향상, 암 예방, 시력 향상, 이뇨 작용(옥수수 수염 부위) 및 신장 질환, 변비, 치질

★ 주의하세요

알레르기 유발 가능성이 있는 음식으로 알레르기 환자가 있다면 조심해야 한다.

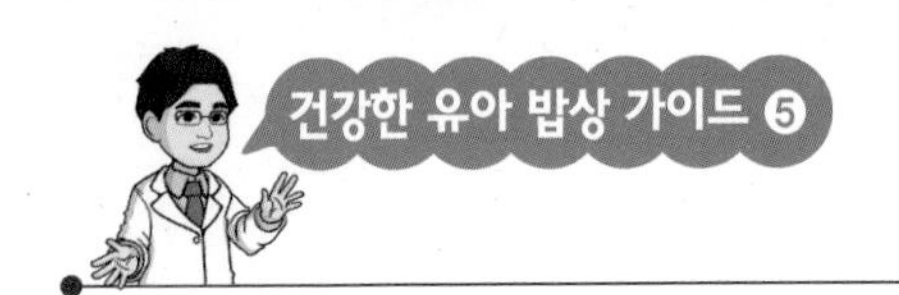

3. 감자

복합당인 전분이 풍부하다. 감자에 있는 전분은 대장에 이르기까지 잘 분해가 되지 않아서 일종의 섬유소와 같은 기능도 한다. 비타민 중에서는 비타민 C, 엽산, B6가 특히 풍부하고, 이외에도 비타민 A, 베타카로틴, 비타민 B1, B2 등도 포함되어 있다. 미네랄 중에서는 칼륨, 칼슘, 인산, 마그네슘, 철분, 구리가 풍부하게 포함되어 있다.

★ 제대로 먹어요

감자는 소화가 편하고, 탄수화물의 대체 음식으로 적당하다. 빛이 차단된 어두운 곳에서 공기가 잘 통하는 조건에서 보관한다. 온도는 장기 보관하는 경우는 4도, 단기 보관은 7~10도가 적당하다. 껍질에 영양분이 높지만 농약이 침투하기 쉬워 껍질은 벗기고 가능한 유기농으로 먹이는 것이 좋다.

만져 보았을 때 단단한 것을 고르고 표면에 손상이 없는 것을 고른다. 껍질이 씻긴 것보다는 흙이 묻어 있는 것이 좋다. 흙이 빛을 가려주기 때문이다. 쪄서 먹거나 주스로 만들어서 먹을 수 있다. 또한 생감자를 얇게 썰어서 피부에 마사지를 할 수도 있다.

같이 먹으면 좋아요

당근, 녹색콩, 완두콩, 닭고기, 소고기, 돼지고기

★ 이런 효과가 있어요

빈혈, 심장 질환, 위염, 위궤양, 변비, 치질, 염증 완화, 피부 질환 및 눈의 피로, 체중 감소 및 당뇨, 면역력 강화, 우울증, 불면증

★ 주의하세요

감자는 냉장고에 보관하거나 따뜻한 곳에 보관하면 안 된다. 싹이 피거나 햇빛에 노출이 되어서 녹색으로 변한 부분이 있다면 독성을 일으키는 성분을 포함한 가능성이 높으므로 먹지 않는 것이 좋다.

4. 고구마

비타민 A, 베타카로틴이 특히 풍부하고, 비타민 C, E, B1, B6, B7, 엽산이 풍부하다. 미네랄 중에서는 칼륨, 칼슘, 철 구리, 망간 등이 풍부하다. 섬유소가 풍부하다.

★ 제대로 먹어요

소화하기 쉽고 영양가가 풍부하며 맛이 좋고 변비도 일으키지 않는다. 많은 전문가들이 채소 중에서 가장 영양가가 높은 것으로 평가한다.(두 번째는 당근이 높다) 단단하고, 손상된 곳이 없는 신선한 상태의 것을 고른다. 요리하지 않은 고구마는 냉장고가 아닌 서늘하고 어둡고 습기가 없는 곳에 2주 이내로 보관한다. 요리한 고구마는 냉장고에 2~3일간 보관할 수 있다.
내부가 부드러워질 때까지 요리하는 것이 적당한데, 랩으로 싸서 오븐에서 400도로 30~60분간 요리한다. 전자레인지로는 10분 정도 익히는 것이 적당하다.

같이 먹으면 좋아요

베이비 시리얼, 사과, 복숭아, 녹색콩, 완두콩, 늙은 호박, 요거트, 닭고기, 돼지고기, 소고기

★ 이런 효과가 있어요

당뇨, 심장 질환(뇌졸증), 변비 예방, 대장암 예방, 염증 완화, 흡연자에게 도움(폐기종, 폐암 같은 폐 관련 질환), 임신(태아 발달), 면역력 향상, 근육 경련, 스트레스 완화

★ 주의하세요

녹색으로 변한 곳이 보이면 독성 물질이 있을 수 있기에 고르지 않는다. 농약의 침투가 용이한 채소이므로 가능한 유기농을 고른다.

5. 토마토

비타민 A, 비타민 C가 특히 풍부하고, 비타민 E, K, B3(니아신), 엽산도 풍부하다. 강력한 항산화제인 라이코펜이 풍부한 대표적인 식품이다. 미네랄 중에서 칼륨, 인산, 마그네슘, 칼슘, 철분이 풍부하고, 아연, 망간, 구리도 적당량 포함되어 있다. 시트르산과 말산 같은 유기산이 풍부하다. 섬유소가 풍부한데 특히 껍질 부위에 많다.

★ 제대로 먹어요

밝은 빨간 빛의 잘 익은 것을 고른다. 단단하지만 딱딱하지 않은 것이 좋다. 직사광선에 노출이 되면 과숙해지므로 잘 익은 토마토는 직사광선을 피한 곳에서 실온의 조건이라면 1주일 이내(2~3일이 적당) 보관이 가능하다. 과숙해지는 것을 막기 위해서 냉장고에 보관할 수 있으나 실온에 보관하는 것이 더 맛있다.

토마토에 있는 강력한 항산화제인 라이코펜은 열을 가하는 요리를 할 때나 주스로 갈아서 만들 때, 토마토 세포내에서 더 많이 빠져나오기 때문에 농도가 높아진다. 따라서 토마토는 생으로 먹는 것보다는 요리를 하거나 주스로 만들어 먹는 것이 건강에 더 좋다. 토마토를 요리할 때 올리브유를 사용하거나 약간의 지방과 같이 섭취하면 라이코펜의 흡수를 높인다.

같이 먹으면 좋아요

당근, 가지, 옥수수, 녹색콩, 바나나, 쥬키니, 파스타, 쌀, 닭고기, 돼지고기, 소고기

★ 이런 효과가 있어요

항암 효과, 빈혈, 항염증, 면역력 증강, 해독 작용, 뼈, 치아 건강, 소화기 건강, 심장 질환, 출혈 예방, 안과 질환, 피부 질환, 스트레스 해소, 요로 감염 예방, 담석증 예방

★ 주의하세요

알레르기 유발 가능성도 있고, 토마토의 강한 산성 성분은 자극이 되거나 발진을 일으키기도 한다. 토마토와 같은 종류의 채소(고구마, 감자, 고추, 가지)는 덜 익은 것을 먹을 때는 독성 물질이 있어서 구토, 설사, 복통, 두통, 어지럼증과 같은 증상을 일으킬 수 있다. 토마토는 산도가 강해서 금속을 녹일 수 있기 때문에 플라스틱 용기에 담아서 보관한다. 또한 신장 결석이 있는 사람은 피하는 것이 좋다.

6. 당근

베타카로틴이 특히 풍부하며 암(특히 폐암)과 싸우는 가장 효과적인 항산화제다. 뇌졸중과 심장 질환도 예방하는 효과가 있다. 비타민 A가 특히 풍부하고, 비타민 C, D, E, K, B3, B6 등도 풍부하다. 미네랄 중에서는 칼륨, 칼슘, 마그네슘, 인 등이 풍부하다. 식물만이 가지고 있는 영양소로 사람의 질병에 대한 자연 방어력이 있고, 암, 심장 질환의 예방, 노화 방지와 연관이 있다. 루테인, 라이코펜, 카로틴 등이 풍부하다.

★ 제대로 먹어요

알레르기 반응이 적고, 영양가가 풍부하다. 당근을 찌는 것은 영양소 손실을 최소화시키고, 베타카로틴의 생물학적 활성도를 가장 높인다. 당근은 잎사귀가 풍성하지 않은 것을 고르는 것이 좋고, 중심부로 갈수록 당 농도가 증가하기 때문에 두꺼운 것을 고르는 것이 좋다. 또한 길이 15cm 미만의 당근이 맛이 좋다.

냉장고에서는 머리 부분을 자른 뒤 플라스틱 백에 넣거나 종이타올에 싸서 가장 시원한 곳에 2주간 보관할 수 있다. 감자나 사과와 같이 에틸렌 가스를 생성하는 과일이나 채소와 같이 보관할 경우에는 당근의 맛을 쓰게 만들 수 있기 때문에 다른 공간에 보관하거나 보관기간을 짧게 하는 것이 좋다. 당근은 요리하면 소화하기 더 쉽고 당 성분이나 몸에 유익한 항산화제 성분들이 빠져 나와서 농도가 더 높아지게 된다.

같이 먹으면 좋아요

사과, 복숭아, 녹색콩, 감자, 고구마, 호박, 닭고기, 돼지고기, 두부

★ 이런 효과가 있어요

시력 향상, 심장 질환 예방, 항암 효과, 변비와 위궤양, 설사 완화, 폐기종 · 폐암 예방, 천식 예방, 피부 노화 방지, 피부 건조증, 건선, 간 해독 작용, 여드름 증상 완화, 신체의 알칼리화, 혈당 조절, 뼈 건강, 빈혈 예방, 면역력 향상, 불면증, 잇몸 질환, 충치, 배뇨통, 비만, 근육량 증가, 여성의 가임력 향상, 성욕 증가, 류머티즘, 통풍, 요충증, 당뇨

★ 주의하세요

유기농 제품을 이용하는 경우가 아니면 농약 성분이 껍질에 집중되어 있고 소화하기도 어려우므로 반드시 껍질은 벗겨서 요리하는 것이 좋다. 또한 껍질을 브러시로 닦거나 흐르는 찬물에서 씻는 것도 좋다.

7. 케일

비타민 A, C, K가 특히 풍부한데, 1회양을 섭취할 경우 성인 하루 필요량의 대부분을 섭취할 수 있다. 이외에도 비타민 B3(니아신), 엽산, 비타민 E도 풍부하다. 미네랄 중에서는 칼슘, 칼륨, 철분이 풍부하고, 구리, 아연, 망간, 마그네슘, 셀레늄 등도 충분량을 함유하고 있다. 항암 효과를 가진 식물성 화합물을 함유하고 있다. 시력 발달과 연관된 대표적인 항산화제인 루테인, 제아잔틴이 풍부하다.

★ 제대로 먹어요

양배추의 일종으로 북유럽에서 유명한 채소로, 어두운 색깔이 좋고 갈색이나 노란색이 있는 것은 고르지 않는다. 육류를 먹을 때 같이 섭취하면 상호 보완 효과가 있다. 끓이면 항암 물질이나 영양분의 손실이 심할 수 있고, 찌거나 전자레인지를 이용하는 것이 영양 손실을 줄이는 요리법이다. 플라스틱 백에 넣어서 냉장고에서 가장 서늘한 곳에 3~5일간 보관할 수 있다.

★ 이런 효과가 있어요

시력 향상, 심장 질환, 콜레스테롤 정상화, 항암 효과, 피부 노화 방지, 피부 건강 유지, 빈혈 예방, 집중력 향상, 뼈 건강, 당뇨

8. 비트

단백질, 탄수화물이 다른 채소에 비해서 풍부하고 섬유소도 풍부하다. 항암 효과와 혈관에 악영향을 끼치는 호모시스테인 수치를 낮추는 역할을 하는 독특한 아미노산인 베타인이 함유되어 있다. 식물성 화합물인 베타시아닌은 혈관에 쌓이는 이물질을 제거한다. 엽산이 특히 풍부하고, 비타민 A, C, B3(니아신) 등이 풍부하다. 미네랄 중에서는 칼륨, 칼슘, 마그네슘이 풍부하고, 구리, 인, 철분, 망간 등도 함유되어 있다.

★ 제대로 먹어요

껍질은 어른도 소화하기 어렵기 때문에 요리할 때는 벗겨서 먹고, 중간 크기의 비트가 큰 것보다 부드럽고 맛이 있다. 잎은 쓰지만 뿌리보다 영양가가 더 풍부하다. 특히 잎에는 철분이 시금치보다 풍부하다. 잎은 제거하고 뿌리 부분은 플라스틱 백에 넣어서 냉장고에서 3주까지 보관 가능하다. 보관하기 전에 씻지 말고 요리하기 전에 꺼내서 씻는다.

같이 먹으면 좋아요

사과, 감자, 콩, 닭고기, 돼지고기, 두부

★ 이런 효과가 있어요

심장 혈관 질환, 뇌졸중 예방, LDL · 콜레스테롤 · 중성지방 수치 완화, 고혈압, 항암 효과(대장암, 위암, 백혈병), 골다공증 예방, 에너지 유지, 인지장애(알츠하이머병, 노인성 치매) 예방, 간해독 기능(황달, 간염, 설사, 구토 예방 및 완화), 빈혈, 변비, 비듬 제거, 해독 기능, 위궤양, 담석, 통풍, 혈관 탄력 유지

★ 주의하세요

신장 결석이 있는 환자는 피한다. 주스로 마실 경우 처음에는 1주일에 1잔부터 시작한다. 비트에 의해서 체내 독소가 제거되는 과정에서 예고 없이 어지럼증 증상이 찾아올 수 있다. 만약 어지럼증 증상이 나타난다면 우선 물을 많이 마시는 것이 도움이 된다.

9. 브로콜리

비타민 A, C, K, 엽산이 특히 풍부하다. 특히 비타민 C는 오렌지보다 많이 들어있다. 이외에 비타민 B6, E 등도 풍부하다. 칼슘, 칼륨, 마그네슘, 셀레늄, 철분이 풍부하다. 특히 칼슘이 풍부한데, 포화지방이 들어 있는 우유보다도 더 좋은 칼슘 공급원이다. 항암 효과를 가진 식물성 화합물을 다량 함유하고 있다. 수용성 섬유소가 풍부하다.

★ 제대로 먹어요

브로콜리 꽃은 짙은 녹색으로 색이 비교적 균일한 것이 좋고 줄기는 단단한 것이 좋다. 잎에 노란색이 섞여 있다면 과숙한 것으로 맛과 영양가가 떨어진다. 냉장고에는 4일간 플라스틱 백에 넣어서 보관할 수 있다. 너무 오래 보관하면 단맛이 줄어든다. 보관 전에는 씻지 않고 요리

하기 전에 씻는다.

가볍게 찌거나 볶는 요리법이 영양분 손실을 최소화한다. 전자레인지로 찌는 것도 좋다. 브로콜리는 농약을 많이 함유하고 있는 채소는 아니지만, 유기농 채소가 항암 기능을 하는 식물성 화합물을 더 많이 함유하고 있기 때문에 가능하면 유기농으로 재배한 것을 고른다.

같이 먹으면 좋아요

콜리플라워, 당근, 고구마, 감자, 소고기, 닭고기, 두부, 요거트

★ 이런 효과가 있어요

뼈 건강, 골다공증 예방, 항암 효과(유방암, 전립선암, 대장암, 폐암), 시력, 안과 질환 예방, 면역력 향상, 간과 피부의 해독 작용, 자외선으로 인한 피부 손상 예방, 대장암 · 변비 예방, 헬리코박터균 제거, 위염, 위식도역류 증상 완화, 알츠하이머병, 당뇨, 칼슘 부족, 심장병, 관절염 예방

★ 주의하세요

브로콜리는 아이가 소화하기 어려워서 대장까지 내려가게 되면 대장에 있는 세균에 의해서 발효되면서 메탄가스를 만들게 된다.

10. 가지

섬유소가 풍부해서 장 운동을 도와준다. 비타민 A, K, 엽산, B3(니아신)가 풍부하고, 미네랄 중에서는 칼륨, 망간, 구리, 마그네슘이 풍부하다. 항암 효과가 있는 식물성 영양소가 포함되어 있다.

★ 제대로 먹어요

약간 단단하고 묵직한 것이 좋고, 겉은 부드럽고 약간 빛나는 것이 좋다. 껍질에 흠이 없는 것을 고른다. 껍질을 눌러 보았을 때 탄력 있는 것이 잘 익은 것이다. 냉장고의 채소 칸에서 5~7

일간 보관할 수 있다. 오래 보관하면 쓴 맛이 날 수 있다. 미리 내부를 자르고 보관하면 공기에 노출된 부분은 갈색으로 변할 수 있다.

같이 먹으면 좋아요
당근, 쥬키니, 파스타, 녹색콩, 치즈

★ 이런 효과가 있어요

항암 효과, 콜레스테롤 수치를 낮추고 신체 내의 과다한 철분 제거, 두뇌 보호, 감염 예방(세균 감염, 진균 감염 예방), 당뇨, 위궤양, 다양한 신경 질환에 도움

★ 주의하세요

히스타민 성분이 포함되어 있어서 알레르기 증상을 나타낼 수 있다. 쓴 맛이 나는 경우에는 위 점막을 자극해서 복통을 일으킬 수 있다. 따라서 쓴 맛이 나는 것은 고르지 않는 것이 좋다. 신장 결석이 있는 환자는 조심한다. 아울러 수산염은 칼슘의 흡수를 방해한다.

11. 오이

비타민 A, C, 엽산이 풍부하다. 미네랄 중에서는 칼륨, 칼슘이 풍부하고, 망간, 마그네슘, 몰리브덴 등도 들어있다. 알칼리성 식품이며, 섬유소가 풍부하다. 수분 함량이 96%로 특히 많은데, 천연적으로 만들어진 증류수와 유사하기 때문에 일반 물보다 더 좋다. 뼈, 근육 등의 결합조직을 만드는 데 필수적인 실리카가 많이 포함되어 있으며, 피부를 진정시키는 효과가 있는 카페인산이 다량 함유되어 있다.

★ 제대로 먹어요

멜론, 수박, 호박과 비슷한 종류다. 피클로 만들기도 하지만 이 경우 영양 손실이 있다. 껍질에는 비타민 A를 비롯한 영양가가 많지만, 농약에 오염되어 있을 가능성이 있어서 가능한 유기농으로 구한다. 그렇지 않다면 껍질은 벗겨서 먹는 것이 좋다. 5~7월 사이에 나오는 것이 가장 좋다. 겉 표면이 단단하고, 껍질 색깔은 어두운 녹색인 것이 좋다. 냉장고 채소 칸에서 1주일 이내 보관하는 것이 좋고 자른 것은 플라스틱 백에 넣어서 보관한다.

같이 먹으면 좋아요

사과, 녹색콩, 쥬키니, 요거트

★ 이런 효과가 있어요

혈액의 산성 성분을 중화, 위궤양, 십이지장궤양의 위산 중화, 혈압 정상화, 콜레스테롤 수치 정상화, 결합 조직(뼈, 근육, 연골, 인대, 건 등) 생성, 수분 보충, 해열, 이뇨 효과, 신장 결석 제거, 관절 요산 제거, 염증 질환 완화, 모발 성장, 붓기 제거, 습진, 건선, 여드름, 피부 진정, 피부 재생, 호흡기 질환 완화, 당뇨, 신장, 방광, 간·이자 질환 및 류마티스 관절염 완화

★ 주의하세요

오이 껍질에는 섬유소가 풍부하나 농약 성분이 검출될 수 있고 소화가 어려울 수 있다.

12. 시금치

비타민 A, K가 특히 풍부하고, 비타민 C, E, 엽산도 풍부하다. 미네랄 중에서는 칼슘, 철분이 특히 풍부하고, 셀레늄, 인, 망간, 칼륨, 아연도 풍부하다. 항암 효과가 있는 식물성 영양소인 루테인, 클로로필, 켐페롤 등이 포함되어 있다. 강한 알칼리성 식품으로 몸의 산성 상태를 중화한다.

★ 제대로 먹어요

신선한 것을 고르고 냉장고의 채소 보관함에서 4일간 보관하는 것이 좋다. 농약 성분이 많이 검출되는 채소는 아니지만 유기농을 고르는 것이 좋다. 너무 오래 요리하면 영양 손실이 있고 빈혈과 연관된 질산염의 함량이 높아지며 철분과 칼슘의 흡수를 방해하는 수산염의 유해성이 증가하기 때문에 가볍게 요리한다. 일반적으로 영양 손실을 막기 위해서 찌는 요리법을 권장하지만 시금치는 끓이는 요리법이 권장된다. 이것은 철분과 칼슘의 흡수를 방해하는 수산염의 농도가 끓이면 줄어들기 때문이다. 그러나 끓이는 것도 맛과 영양 손실을 최소화하기 위해서 1분 정도만 끓이기를 권장한다.

★ 이런 효과가 있어요

뼈 건강, 심장 기능 향상, 혈압 감소, 다양한 심장 질환 예방, 항암 효과, 안과 질환 및 시력 향상, 위염, 위궤양 예방, 기억 손실 보충, 혈액 응고, 잇몸 출혈 예방, 관절염 · 류마티스 관절염 예방

★ 주의하세요

보관과 가열하는 요리 과정을 통해서 유해 물질의 농도가 높아진다. 따라서 가능성 가볍게 요리하고 오래 보관하지 않은 신선한 상태로 섭취하는 것이 좋다.

13. 양배추, 배추, 청경채, 적채

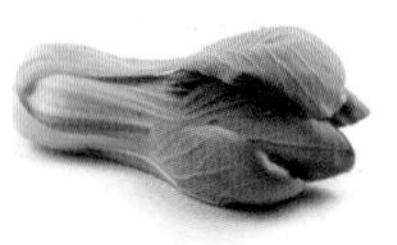

비타민 A, C, K, 엽산이 풍부하다. 비타민 A는 청경채에, 비타민 C는 적채에, 비타민

K는 양배추에, 엽산은 배추에 상대적으로 더 풍부하다. 섬유소가 풍부하고, 미네랄 중에서는 칼슘, 칼륨, 인, 요오드, 황, 철분 등이 풍부하다. 식물성 영양소인 설포라판과 인돌 3 카바놀은 항암 효과가 있다. 적채에는 안토시아닌이라는 강력한 항산화제가 있어서 항염, 항암 효과를 더한다. 알레르기 예방과 면역 기능, 장 운동을 부드럽게 만든다.

★ 제대로 먹어요

만져 보았을 때 단단하고 잎은 손상되지 않고 시들지 않은 것을 고른다. 비타민 C의 손실을 막기 위해서 플라스틱 백에 넣어서 냉장고 채소 칸에서 2주 정도 보관할 수 있다. 자르는 순간 영양분이 소실되기 때문에 미리 반으로 잘라 놓은 것을 사지 않는다.

★ 이런 효과가 있어요

변비 예방, 위궤양 예방과 치료, 암 예방, 면역 기능 및 알레르기, 빈혈, 유방 울혈 완화, 피부 세포 재생, 화상 및 피부 궤양 증상 완화, 체중 조절, 콜레스테롤 저하, 시력 향상, 뇌세포 손상, 알츠하이머병 예방, 혈액 응고 기능, 식욕 감퇴, 두통, 류머티즘, 통풍, 관절염, 습진, 정맥류 완화

★ 주의하세요

양배추는 요리를 하면 가스를 더 잘 만들고 소화하기 어렵다. 생으로 주스를 만들어서 먹는 것이 소화도 잘 되고, 영양분 손실이 적지만, 약간 쓴 맛이 나기 때문에 파인애플, 토마토, 오렌지와 섞어서 주스를 만들어 마실 수 있다. 과다 섭취시 갑상선 호르몬의 생산을 억제시키고 갑상선 비대를 유발시킬 수 있다.

14. 양상추, 상추

섬유소가 풍부하고, 수분 함량이 90~95% 정도로 높다. 비타민 A, K가 특히 풍부하고 비타민 B1, C, E, 엽산도 풍부하다. 미네랄 중에서는 칼륨, 망간, 몰리브덴 등이 풍부하고, 칼슘, 인, 철분, 마그네슘도 상당량 함유되어 있다. 항암 작용, 노화 방지 등의 역할을 하는 다양한 항산화제와 식물 성영양소가 포함되어 있다.
양상추는 상추에 비해서 비타민 A, C, 철분, 칼륨, 칼슘 등 영양분이 대부분 적다. 그러나 바삭거리는 독특한 식감 때문에 샐러드 재료로 선호하며, 지방간을 예방하고 인지기능 향상에 도움이 된다. 상추는 색이 짙을수록 영양분이 높다.

★ 제대로 먹어요

신선하고 손상된 부분이 없는 것을 고른다. 상추는 알레르기 유발 가능성이 적고 생으로 샐러드로 만들어서 먹거나 가볍게 요리를 해야 수분과 영양 손실이 적다. 플라스틱 백에 넣어서 냉장고 채소 칸에서 1주일 이내 보관할 수 있다.

★ 이런 효과가 있어요

뼈 건강, 심장 기능 향상, 콜레스테롤 수치 감소, 변비, 장 청소, 시력 향상, 안과 질환 예방, 항산화, 항암 효과, 노화 및 만성 질환 예방, 빈혈 예방, 기침 완화, 수분 공급 및 독소 배출, 진정, 진통 작용, 숙면, 스트레스 완화, 머리 색깔 유지

★ 주의하세요

비타민 K의 함량이 높아서 항응고제인 와파린을 복용하고 있다면 과량 복용을 피하는 것이 좋다.

15. 양파, 파

비타민 C, 엽산이 풍부하고, 비타민 A, B 계열도 적당량 함유되어 있다. 미네랄 중에서는 크롬 성분이 특히 풍부하고, 칼슘, 인, 마그네슘, 철분, 망간, 몰리브덴도 풍부하다. 섬유소가 풍부하다. 항암, 항산화, 항염증 등의 작용을 하는 퀘서틴, 황화알릴이 풍부하다.

★ 제대로 먹어요

단단하고 물기가 없고 표면에 손상이 없고 부드러운 것을 고른다. 양파는 서늘하고, 어둡고, 공기가 잘 통하는 곳에서 1달간 보관할 수 있다. 파는 플라스틱 백에 넣어서 냉장고에 보관하고, 양파도 껍질을 벗긴 뒤에는 냉장고에 플라스틱 백에 넣어서 보관하고 1~2일 내에 먹는 것이 좋다.

양파를 자를 때 눈물이 나는 것은 양파의 세포가 파괴될 때 나오는 황화물 가스 때문이기에 이런 현상을 줄여주기 위해서는 양파를 자르기 1시간 전에 얼려 놓거나 고글이나 안경을 쓰는 것도 도움이 되고 팬을 틀어 놓거나 창문을 열어 놓는 것도 증상을 완화시켜 줄 수 있다. 또한 아주 날카로운 칼을 사용하면 세포 손상을 최소화시키기 때문에 도움이 될 수 있다. 그러나 물에 넣고 자르는 것은 눈에 대한 자극은 줄여 주지만, 양파가 물러지고 수용성 영양소가 씻겨 내려갈 우려가 있다.

★ 이런 효과가 있어요

심혈관 질환 예방, 골다골증 예방, 류마티스 관절염, 통풍, 천식 예방, 항암, 당뇨병, 결핵균 치료, 요로 감염, 방광염 완화, 치아 우식증 치료, 잇몸 질환 치료, 변비 예방, 장 운동, 대장암 예방, 천식성 기침 · 가래 감소 축농증 치료, 빈혈(철분 풍부), 부종(이뇨 효과), 이명, 면역력 증가(비타민 C 함유), 불면증, 피부 흉터 및 재생

★ 주의하세요

몸에 좋은 음식이지만 기존에 식도 역류 증상이 있는 사람이라면 과량 복용 시 증상을 악화시

킬 수 있다. 감자와 같이 보관하지 않는다. 감자에서 나오는 에틸렌 가스가 양파를 더 상하게 한다. 양파의 껍질에는 퀘서틴이나 안토시아닌과 같은 항산화제의 농도가 더 높기 때문에 너무 껍질을 많이 벗겨내면 영양소의 손실이 심할 수 있다.

16. 마늘

비타민 C, B6가 특히 풍부하고, 비타민 A, B1, K, 엽산도 풍부하다. 미네랄 중에서는 망간, 인, 칼슘, 철분, 구리가 풍부하고, 미량 원소인 게르마늄, 셀레늄, 텔루륨이 풍부하다. 마늘에 포함된 독특한 아미노산인 알리인은 항균 작용, 심혈관 보호 기능, 호흡기 진정 작용 등의 다양한 효과를 나타낸다.

★ 제대로 먹어요

단단하고 물기가 없고 표면에 손상이 없는 것을 고른다. 신선한 마늘 껍질은 하얀색이다. 냉장고가 아닌 서늘하고 어두운 곳에서 수 주간 보관할 수 있다. 열에 노출되는 기간이 길면 영양소 손실이 심하기 때문에 길어도 열을 가하는 시간은 5~15분 이내로 한다.

★ 이런 효과가 있어요

혈액 응고 예방, 동맥 경화 예방, 혈압 감소, 항암 작용, 당뇨, 항균 작용, 면역력 증강, 항진균 작용(무좀, 귀곰팡이 감염 완화), 장내 기생충 제거, 치통 완화, 뇌염 치료, 숙면, 알레르기 치료, 사마귀 및 피부 증상 완화

★ 주의하세요

항응고 기능이 있어서 항응고제를 복용하는 경우에는 주의해야 하고 출혈이 예상되는 처치나 수술 전에는 중단하는 것이 필요하다. 생으로 먹거나 과량 먹게 되면 위경련, 설사, 구토, 빈혈, 과도한 가스 유발, 천식 등을 유발할 수 있고 입 냄새를 유발한다.

17. 무

비타민 C, 엽산이 특히 풍부하고, 비타민 B1, B6, K가 풍부하다. 미네랄 중에서는 칼륨, 칼슘, 인, 철분, 마그네슘, 인, 아연, 구리, 몰리브덴 등이 풍부하다. 다량의 섬유소가 있어서 변비를 해소시킨다. 담즙 분비를 촉진시킨다. 잎에는 뿌리보다 비타민 C가 6배 더 풍부하고, 철분, 칼슘, 티아민도 다량 함유되어 있다.

★ 제대로 먹어요

꽉 차 있는 듯한 느낌이 있고 흙과 같이 묻어 있는 것이 좋다. 눌러 보았을 때 부드럽게 들어가면서 물렁물렁한 느낌이 있다면 상했을 수 있다. 잎이 붙어 있는 상태에서는 3~5일 이내에 잎을 제거한 상태에서는 플라스틱 백에 넣어서 냉장고에서 4주간 보관할 수 있다.

★ 이런 효과가 있어요

간 기능 보호, 소화 촉진, 장 운동, 장내 기생충 제거, 항염증, 항바이러스, 항균 작용, 항울혈 기능(코막힘 증상 해소), 피부 질환(여드름, 피부 가려움증, 벌레 물림), 이뇨 작용, 식욕 촉진, 숙면

★ 주의하세요

드물지만 알레르기 유발 가능성이 있다. 무즙은 맛이 강해서 당근이나 사과와 섞어서 마시는 것이 좋다. 무는 수확 후 가능한 빨리 먹는 것이 좋다. 수확 후 시간이 지나면 뿌리의 영양이 잎으로 이동하기 때문이다. 따라서 냉장고에 오래 보관한다면 잎을 제거하고 보관한다.

18. 고추, 파프리카, 피망

비타민 C, A가 특히 풍부하고, 비타민 E, B6, K, 엽산도 풍부하다. 미네랄 중에는 칼슘, 인, 철분, 마그네슘, 몰리브덴, 칼륨, 망간, 코발트, 아연 등이 풍부하다. 빨간색 파프리카가 상대적으로 영양분이 많다. 그렇다고 빨간색만 골라야 하는 것은 아니다. 노란색은 비타민 C가, 초록색은 섬유소가, 몰리브덴, 망간, 엽산 비타민 K 등이 풍부하다. 색깔이 짙을수록 항산화제의 농도가 높다. 노란색은 시력과 주로 연관된 루테인과 제아잔틴이 풍부하고, 빨간색은 항암 효과로 유명한 라이코펜과 아스타젠틴이 있고, 오렌지색은 흡연자의 폐암 발생을 막아 주는 대표적인 항산화제인 카로틴이 함유되어 있으며, 보라색은 안토시아닌이 풍부하다.

★ 제대로 먹어요

피망과 파프리카의 구분은 명확하지 않지만 피망은 매운맛이 좀 더 강하고 질긴 편이며 파프리카는 단맛이 나고 아삭아삭한 편이다. 녹색 파프리카가 익으면 빨간색 파프리카로 변하는 것인데, 일단 수확하고 나면 색이 변하지는 않는다. 만져 보았을 때 단단하고 표면이 부드럽고 줄기 부분은 선명한 녹색인 것이 신선하다.

냉장고에 보관할 때는 미리 씻지 않고 플라스틱 백에 넣어서 1주일간 보관할 수 있다. 녹색은 빨간색이 덜 익은 것으로 좀 더 오래 보관할 수 있다. 일단 잘라서 공기 중에 노출되면 영양분이 떨어지기 때문에 자른 것은 빨리 먹는 것이 좋다.

★ 이런 효과가 있어요

혈전 예방, 동맥 경화 예방, 심장 발작 예방, 항암 효과, 소화불량, 위궤양, 복통, 설사 예방, 항균, 항진균(식중독, 무좀) 완화, 면역력 향상, 대사 작용 촉진, 코피 방지, 안과 질환 예방, 호흡

기 질환, 면역력 강화, 다양한 호흡기 증상 완화, 천식, 폐기종, 폐렴 완화, 폐암 발생 저하, 인후염 증상 완화, 노화 방지, 두통 완화

★ 주의하세요

피망이나 파프리카도 드물지만 알레르기 증상을 유발할 수 있다. 알레르기 가족력이 있거나 아토피 피부염이 있다면 섭취를 미루는 것이 좋다.

19. 쥬키니(여름호박, 돼지호박)

비타민 C, 엽산, 베타카로틴, 비타민 B3, B6, K가 풍부하다. 미네랄 중에서는 망간, 마그네슘, 칼륨, 구리, 인, 몰리브덴이 풍부하다. 수분이 95%로 풍부하고, 섬유소가 풍부하다.

★ 제대로 먹어요

수확 시에는 미성숙하기 때문에, 겨울호박(늙은 호박, 단호박)보다는 영양가가 떨어진다. 알레르기 유발 요소가 없고 변비를 일으키지 않으며 수분이 충분하다. 만져 보았을 때 단단하고, 껍질 부위에 손상이 없고 물러진 곳이 없는 것을 고른다. 물기가 묻어 있으면 쉽게 물러지기 때문에 냉장고에 보관하기 전에 씻지 않는다. 껍질 부분은 수분에 취약하기 때문에 완전히 건조한 상태에서 플라스틱 백에 넣어서 냉장고에 4~5일간 보관한다. 요리한 것은 냉장고에 2일 이내에 보관한다. 껍질 부분에 영양소가 많기 때문에 껍질을 벗기지 말고 주기를 권장한다.

같이 먹으면 좋아요

감자, 고구마, 당근, 닭고기

★ 이런 효과가 있어요

동맥 경화 예방, 당뇨와 연관된 심장 질환 예방, 혈압 감소, 관절염, 류마티스 관절염, 천식 같은 염증성 질환 예방, 대장암 예방, 전립선 비대증

★ 주의하세요

신장 결석이 있거나 담석이 있다면 주의한다.

20. 버섯

식물이라기보다는 곰팡이 균이 있는 균사체다. 채소 중에서 육류에 가까운 영양조성을 가지고 있어서 다른 채소에 비해서 단백질, 탄수화물, 지방의 비율이 높다. 수분 함량이 80~90%로 높고, 단백질을 구성하는 아미노산 중에서 필수 아미노산의 함량이 높다. 지방은 건강에 유익한 불포화지방의 비율이 80%에 달하며 탄수화물에서는 글루타민산의 함량이 높아서 맛을 높인다. 미네랄 중에서는 셀레늄, 칼륨, 구리, 아연, 철분, 인 등이 풍부하다.

다른 식물에서는 발견하기 어려운 식물성 영양소인 항산화제들이 있다. 대표적으로 면역 기능을 향상시키고 강력한 항산화제 역할을 하며 위암 예방과 연관되고 표고버섯에서 주로 발견되는 렌티난 성분이 있다.

엽산이 특히 풍부하고, 비타민 A, B 계열, C가 풍부하고, 다른 식물에서는 발견되지 않는 비타민 D가 함유되어 있다. 느타리버섯의 경우 열이 가해지는 요리에도 비타민 D가 남아 있다.

★ 제대로 먹어요

만져 보았을 때 단단하고 상처가 없는 신선한 것을 고른다. 냉장고 온도보다 높은 곳에서 보관

할 경우 식물성 영양소가 손실되기 때문에 별도의 보관 용기에 넣어서 3~7일간 냉장고에 보관한다. 말려 놓은 버섯은 특별한 보관 용기에 넣어서 냉장고에서 6개월에서 1년간 보관할 수도 있다. 표면에 구멍이 많아서 물과 접촉해서 보관하면 쉽게 물러지고 눅눅해진다.

★ 이런 효과가 있어요

면역 기능 향상, 심장 기능 강화, 혈압 정상화, 콜레스테롤 · 중성지방 수치 감소, 항암 효과, 빈혈 예방, 혈당 강하, 항혈전, 간 기능 개선

★ 주의하세요

생으로 먹으면 안 된다. 버섯의 세포벽 성분은 사람이 소화하기 어렵기 때문이다. 요리를 하면 세포벽이 약해져서 소화하기 쉬워지고, 세포벽안의 영양소가 더 쉽게 빠져 나오게 된다. 또한 생으로 먹으면 표면에 묻어 있는 세균에 의해서 감염이 될 우려가 있으며, 알레르기 유발 요인도 사라지기 때문에 요리를 해서 먹도록 한다. 표고버섯에는 퓨린 성분이 포함되어 있는데 요산으로 대사되기 때문에 통풍, 신장 결석이 있는 환자는 조심해야 한다.

21. 아보카도

칼로리를 만드는 3대 영양소인 탄수화물, 단백질의 함량이 높고, 특히 단불포화지방이 많아서 두뇌, 운동 능력 발달에 도움이 된다. 단불포화지방의 함량이 20%로 과일 중에서는 두 번째로 많고 일반 과일의 20배 정도 되는 양이다. 칼륨의 양과 칼로리가 특히 높아서 바나나의 3배다. 철분, 구리, 인산, 마그네슘이 풍부하고, 섬유소, 비타민 A, B 복합체, 엽산도 풍부하다. 염분, 당, 콜레스테롤은 거의 없고, 복합당이 없어서 당뇨 환자에게 적당하고, 항산화제인 비타민 C, E, 칼슘, 철분, 칼륨이 풍부하기 때문

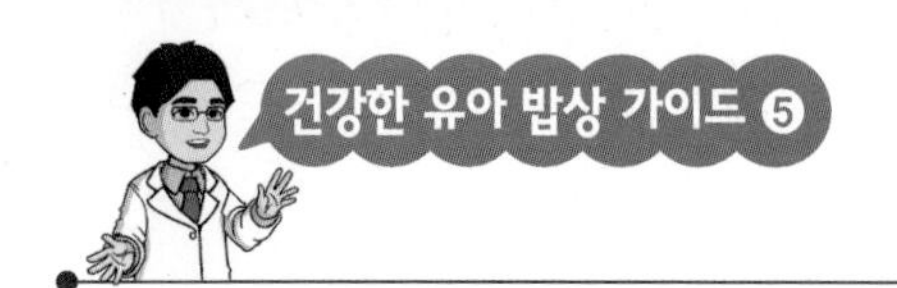

에 암, 노화 예방에도 효과적이다.

★ 제대로 먹어요

부드럽고 영양가가 높다. 요리하지 않고 껍질만 벗겨 으깨서 먹는다. 으깨면 부드럽고 크림이 묻어 나온다. 껍질은 짙은 녹색으로, 반으로 자르면 바깥쪽에는 녹색이고 안으로는 끈적끈적한 노란색으로 바뀌는 것이 좋다. 잘 익었는지 판단하기 위해서는 단단하게 눌러봐야 하는데, 이때 유연하게 들어간다면 잘 익었다고 볼 수 있다.

아직 익지 않은 아보카도는 냉장고에 보관하지 말고 실온에서 보관하며, 한번 익은 아보카도는 자르지 않았다면 1주일 이내에 보관 가능하지만, 일단 자른 것은 하루 이내에 먹는 것이 좋다. 과육이 공기에 노출되면 철분 함량이 높아서 색이 변하는데 레몬즙을 뿌려주면 도움이 된다.

같이 먹으면 좋아요

바나나, 배, 사과, 쥬키니, 닭고기, 요거트

★ 이런 효과가 있어요

피부 재생, 건조한 피부 및 습진, 자외선 차단, 심장 질환, 콜레스테롤 수치 완화, 고혈압, 당뇨, 시력 저하, 면역력 저하, 전립선 암, 건선

★ 주의하세요

가족 중에 라텍스 알레르기가 있는 사람은 만지는 것을 피한다.

22. 사과

칼로리와 혈당지수(36)는 낮고, 수분은 80~90%로 충분하며 비타민 C, 철분, 칼륨, 인산, 칼슘의 함량이 높다. 섬유소가 풍부하고, 불용성 섬유소와 수용성 섬유소의 2가지가 다 포함되어 있다. 노화, 암 예방과 연관된 항산화제 성분인 플라보노이드, 폴리페놀이 함유되어 있다. 간 기능 개선과 소화기능 개선과 연관된 말산, 타타르산가 포함되어 있다.

★ 제대로 먹어요

사과는 구하기 쉽고, 소화가 잘 되며, 영양가도 풍부하다. 시리얼이나 요거트, 채소 등과도 잘 섞여서 먹기에 좋다. 만져 보았을 때 단단하고 부드러운 표면을 가지고 있는 것이 좋다. 냉장고에 보관하다가 요리하기 전에 꺼내서 요리하는 것이 좋다. 냉장고 안에 보관할 때는 플라스틱 백에 넣어서 냄새가 강한 다른 음식과 분리하기를 권장하고 채소 칸에서 1달간 보관할 수 있다.

사과 껍질을 자르면 금방 갈색으로 변하는데 이것은 효소가 공기와 만나면 산화 작용을 일으키기 때문이다. 따라서 사과를 자른 뒤 샐러드로 만들기 어려운데, 이것을 막기 위해서 레몬주스나 파인애플 주스를 뿌리거나 자르자마자 물에 담가서 공기와의 접촉시간을 줄이는 것이 도움이 된다. 설탕물이나 소금물을 뿌려주는 것도 갈색으로 변하는 것을 막을 수 있지만 건강상 좋지 않은 방법이다.

같이 먹으면 좋아요

쌀, 오트밀, 바나나, 아보카도, 블루베리, 배, 고구마, 당근, 쥬키니, 소고기, 닭고기, 요거트

★ 이런 효과가 있어요

장 운동 개선, 혈관 질환(심근경색, 뇌졸중, 당뇨 등) 예방, 항암 효과, 알츠하이머병(치매) 예방,

체중 감소, 치아 건강, 뼈 건강, 피부 건강, 빈혈, 위식도 역류, 두통, 안과 질환, 신장 결석

★ 주의하세요

껍질에 펙틴을 비롯한 섬유소가 풍부하나 사과는 살충제에 대한 노출이 더 심할 수 있는 과일이므로 유기농 사과를 껍질째 먹기를 권장한다. 사과 껍질은 꽃가루 등에 의해서 알레르기 증상이 나타날 수 있다.

23. 살구

쉽게 소화되는 당 성분을 가지고 있으며 비타민 A가 특히 풍부하다. 비타민 A, C, B2, B3, 칼슘, 인, 철분이 풍부하다. 살구는 말리면 비타민 A의 함량은 2배로 올라가고 칼로리도 올라가며 칼슘, 인, 철분 함량도 풍부해진다. 베타카로틴과 라이코펜이 풍부한데, 이들은 나쁜 콜레스테롤의 작용을 억제시켜서 심장병을 비롯한 혈관 질환을 예방한다. 살구 씨에는 단백질, 지방이 풍부하고, 암 예방과 관련이 있는 비타민 B17이 포함되어 있다.

★ 제대로 먹어요

살구는 퓨레를 만들거나 시리얼에 섞어서 주면 좋다. 덜 익은 살구는 노란색이나 초록색으로 단단하지만, 익게 되면 오렌지색으로 표면이 부드럽다. 익을 때까지는 실온 보관하고, 이후에는 지나치게 익는 것을 막기 위해서 냉장고에서 플라스틱 백에 넣어 3~5일간 보관한다.

같이 먹으면 좋아요

쌀, 오트밀, 바나나, 아보카도, 블루베리, 배, 고구마, 당근, 쥬키니, 소고기, 닭고기, 요거트

★ 이런 효과가 있어요

빈혈, 변비, 시력 향상, 백내장, 황반변성 예방, 해열 효과, 옴, 습진, 화상, 가려움증 완화, 혈관과 연관이 있는 질환(관상동맥질환, 당뇨, 뇌졸중), 암, 비만 예방

★ 주의하세요

신장 결석이 있는 환자라면 과량 섭취를 피해야 한다.

24. 바나나

사람들이 살아가는 데 필요한 영양소가 거의 다 들어가 있는 대표적인 과일로 완전 자연 식품으로 불린다. 다양한 영양소가 포함되어 있으며, 소화도 잘 되고 휴대하기 편리하기 때문에 이동 시에 식사대용으로 적당하다. 칼륨이 특히 풍부해서 설사나 탈수 증상시 소실되는 전해질 보충에 도움이 된다. 정상적인 배변 기능에 도움이 된다. 덜 익은 바나나는 변비를 유발하지만 설사 증상 완화에 도움이 되고, 익은 바나나는 변비 예방에 도움이 된다. 천연 제산제 기능도 있어서 위염, 위궤양, 위식도 역류 환자에도 도움이 된다. 단백질도 풍부하고, 스트레스나 우울증 증상 개선에 도움이 된다. 건강에 좋지 않은 포화지방, 콜레스테롤이 거의 없다. 비타민 B 계열을 거의 다 포함하고 있다. 인체에 유익한 유산균의 증식을 도와주는 프락토올리고당이 포함되어 있다. 충분한 양의 구리, 크롬, 불소, 마그네슘, 셀레늄, 아연 등이 포함되어 있다.

★ 제대로 먹어요

쉽게 구할 수 있고 소화가 잘 된다. 뿌리나 끝 쪽이 약간 녹색 빛을 띠는 것이 좋고 단단하고 무르지 않는 것을 고른다. 자연스럽게 익을 때까지는 실온 보관하고 거의 익을 무렵에 먹는 것이 좋다. 일단 익은 바나나는 냉장고에서 2주간 보관할 수 있다. 냉장고에 넣어두면 껍질이 까

맣게 변할 수 있는데 그래도 내부는 신선하게 유지된다. 그러나 덜 익은 바나나를 냉장고에 넣어두면 익지도 않고 나중에 다시 꺼내더라도 익지 않게 된다. 덜 익은 바나나는 사지 않는 것이 좋으나 플라스틱 백에 넣어두면 빨리 익는다.

같이 먹으면 좋아요

시리얼, 아보카도, 블루베리, 키위, 배, 복숭아, 사과, 고구마, 요거트

★ 이런 효과가 있어요

변비 완화, 설사 완화, 탈수 증상 해소, 고혈압, 두뇌 활동, 뇌졸중 감소, 빈혈(철분 풍부), 식도역류(자연 항제산제 역할), 노안 완화

★ 주의하세요

덜 익은 바나나에는 복합당 성분이 많고 소화 효소의 작용을 방해하는 단백질이 많아서 소화에 방해가 된다. 소화되지 않은 성분들은 변비를 유발하게 된다. 익은 바나나도 성인 기준으로 하루 5~6개 이상 먹는다면 변을 단단하게 만들 수 있다. 아이에게 변비가 있다면 일단 바나나를 제외하는 것이 좋다. 또한 신장 질환자는 바나나 섭취를 주의해야 한다.

25. 수박

92%가 수분으로 더운 여름철에 갈증 해소와 수분 보충에 가장 적절한 과일이다. 미국 FDA에서는 수박을 고형 음식이 아닌 액상 음식에 가깝다고 규정하고 있다. 항산화제인 비타민 A, 비타민 C, 베타카로틴이 특히 풍부하다. 또한 비타민 A와 베타카로틴은 시력 향상과도 연관이 있다. 암 예방 효과로 알려진 라이코펜이 풍부하다. 라이코펜은 토마토에 특히 많은 것으로 유명한데, 수박 과즙이 빨간 것과 연관이 있다.

에너지 유지와 관련된 비타민 B 계열이 충분히 포함되어 있고, 에너지 생산과 연관된 마그네슘, 칼륨도 풍부해서 운동 전에 먹기 적당한 음식으로 전문가들이 추천한다. 아미노산 중에서 시트룰린 성분이 풍부하며, 칼슘, 철분, 인, 나트륨, 아연 등의 미네랄도 충분한 양이 포함되어 있다. 수박의 과즙은 알칼리성을 띄기 때문에 신맛 나는 음식을 먹을 때 같이 먹으면 중화시켜 줄 수 있다.

★ 제대로 먹어요

7월말은 되어야 자연스럽게 익기 때문에 8월 전에는 수박을 사지 않는 것이 좋다. 모양이 좌우 대칭이며, 꼭지 부분이 마르지 않고 노란 빛을 띄는 것이 좋다. 수박 표면의 녹색 빛은 선명한 것이 좋다. 바닥 부분이 노란색인 경우에 적당한 시기에 수확한 것으로 판단할 수 있는데, 녹색이나 흰색이라면 익기 전에 수확했을 가능성이 높다. 수박은 다른 과일과는 달리 수확한 후에는 익는 과정이 진행되지 않는다.

잘라 보았을 때 섬유소 부분인 흰 부분이 두꺼운 것은 덜 익은 것이다. 두드려보는 것도 잘 익었는지 확인하는 좋은 방법인데, 통통거리는 속이 비어 있는 듯한 소리가 들려야 내부에 수분이 충분해서 잘 익은 것으로 판단할 수 있다. 중간 크기의 수박을 고르는 것이 좋고 크기에 비해서 묵직한 것이 수분이 충분히 차 있는 맛있는 수박이다. 수박을 자르기 전에는 수분이 없는 곳에 실온 보관할 수 있다. 일단 자른 수박은 냉장고에서 5일까지 보관하는 것이 좋은데, 플라스틱 용기와 같이 공기를 차단할 수 있는 곳에 넣어서 냉장고에 보관하는 것이 좋다.

같이 먹으면 좋아요

바나나, 아보카도, 블루베리, 복숭아, 당근, 쥬키니, 닭고기, 요거트

★ 이런 효과가 있어요

천식, 관절염 완화, 비뇨기계 청소, 이뇨 작용, 콜레스테롤 저하, 변비 예방, 부종 완화, 심장 발작, 뇌졸중, 대장암 예방, 가려움증 감소, 항암, 여드름, 습진 완화, 피부 탄력 회복

★ 주의하세요

수박을 먹고 난 다음에 알레르기 증상이 나타날 수 있다. 수박은 땅에서 자라는 것이므로 자르기 전에는 표면을 잘 씻어준 뒤 잘라야 한다. 수박 재배시 사용할 수밖에 없는 농약들의 농도가 높기 때문에 수박 껍질을 말려서 잼을 만들거나 차를 만들어 먹는 일은 피해야 한다.

26. 멜론

비타민 A, 비타민 C가 특히 많이 들어있는 과일이다. 칼슘, 칼륨, 베타카로틴, 엽산, 비타민 B6도 충분한 양이 들어 있다. 항산화제 성분도 포함되어 있다. 멜론과 같은 종으로 볼 수 있는 참외에는 비타민 C, 칼륨 등은 풍부하지만 비타민 A는 멜론보다는 적다. 최근에는 참외가 엽산 함량이 높고 항암 효과로 주목받고 있다.

★ 제대로 먹어요

6~8월에 재배된 것이 가장 좋다. 손으로 들었을 때 묵직한 느낌이 나면서 손으로 누르면 약간만 들어가는 느낌이 있으며 꼭지 부분은 마르지 않는 것이 잘 익은 것으로 판단할 수 있다. 과숙한 것은 먹지 않는 것이 좋다. 자르지 않은 것도 냉장고에 보관하며 자른 뒤에는 플라스틱 백에 밀봉하여 보관한다.

★ 이런 효과가 있어요

시력 회복, 폐암 예방, 심장 발작 예방, 면역력 향상, 콜레스테롤 저하, 고혈압, 비만, 신장 질환, 피부 질환, 관절염

★ 주의하세요

알레르기 증상이 나타날 수 있다. 입 주변이 가렵거나 피부 발진이 있을 수 있고, 천식이나 알레르기 증상이 심해지기도 한다.

27. 감귤류(감귤, 오렌지)

비타민 C가 특히 풍부한 과일로 오렌지 1개를 섭취하면 성인이 하루 필요한 비타민 C의 100%를 섭취하는 것이다. 베타카로틴을 비롯한 항산화 물질을 다량 함유하고 있어서 손상 세포 재생에 도움이 된다. 칼로리는 낮고 펙틴과 같은 섬유소는 풍부해서 체중 조절과 변비에 도움이 된다. 에너지 생성과 유지 등에 도움이 되는 비타민 B 계열이 다양하게 포함되어 있다. 무기질도 풍부하게 포함되어 있는데, 특히 칼슘과 칼륨이 풍부하다. 이외에도 엽산, 요오드, 인, 나트륨, 아연, 망간도 충분량이 함유되어 있다.

껍질 안쪽에 붙어 있는 흰 섬유질 부분에는 항산화 물질인 플라보노이드가 다량 함유되어 있고, 간에서 콜레스테롤 생성을 억제하는 물질도 함유되어 있다. 껍질에는 비타민 A의 효능을 증가시키는 오일이 포함되어 있는데, 피부를 진정시키는 효과가 탁월하다.

★ 제대로 먹어요

껍질은 단단하면서도 표면은 부드러운 것이 좋으며, 크기에 비해서 무거워 보이는 것이 좋다. 실온에서는 1~2일, 냉장고에서는 2주 정도 보관할 수 있다.

같이 먹으면 좋아요

아보카도, 블루베리, 크랜베리, 복숭아, 고구마, 닭고기, 요거트

★ 이런 효과가 있어요

면역력 증강, 변비 예방, 콜레스테롤 감소, 심장 질환 예방, 위궤양 예방, 암 예방, 고혈압 완화, 두뇌 성장, 뼈 건강, 적혈구 생성, 정자 이상 교정, 신장 결석 예방, 피부 노화 예방, 바이러스

감염 예방 및 치료, 강력한 해독 작용, 시력 향상

★ 주의하세요

비타민 C는 공기 중에 노출이 되면 쉽게 파괴되기 때문에 껍질을 벗긴 뒤에는 바로 먹는 것이 좋다. 싸서 보관하면 습기가 차서 곰팡이가 피기 쉽기 때문에 피한다. 감귤류를 과다 섭취하게 되면 뼈나 치아에서 칼슘을 오히려 빠져나가게 하고 후두 부위에 분비물이 쌓이게 만들 수 있으므로 조심한다. 껍질에도 다양한 효능이 있으나 잔류 농약이 있을 가능성이 높기 때문에 차로 만들어서 먹는 것은 피한다.

28. 포도

항산화제 역할 및 다양한 역할을 하는 비타민 A, C가 풍부하고 에너지 대사 작용과 연관된 비타민 B 등도 충분히 들어 있으며 출혈을 막는 비티민 K가 풍부하다. 여러 종류의 미네랄(칼슘, 구리, 칼륨, 인, 철분, 망간, 불소, 마그네슘 등)이 풍부하다. 빨간색 포도에는 항암, 항염증 성분이 특히 많다. 유기산이 다량 함유되어 있어서 장 내부를 청소하고 변비를 예방하는 효과가 있다. 포도 씨와 껍질에는 항산화제 역할을 하는 플라보노이드가 풍부하다.

★ 제대로 먹어요

포도는 알레르기 위험은 높지 않으나 흡인(사레들림)의 위험성 때문에 아이에게 잘게 잘라서 준다. 가지에 단단히 붙어 있는 것이 좋고, 가게에 들어온 지 얼마 되지 않는 것을 고르는 것이 좋다. 무르거나 갈라지거나 껍질이 일부 벗겨진 것은 고르지 않는다.

농약 잔류물이 많은 대표적인 과일로서 가능한 유기농을 고르며 소금물이나 식초에 10~15분간 담근 뒤 물로 씻어 말린 뒤 보관한다. 남미에서 생산된 포도에서 특히 농약 잔류물이 많다는 보고가 있으니 주의한다. 플라스틱 백에 넣어서 냉장고에서 1주일 이내로 보관한다.

같이 먹으면 좋아요

아보카도, 블루베리, 복숭아, 배, 당근, 쥬키니, 고구마, 닭고기, 요거트

★ 이런 효과가 있어요

혈전 억제, 콜레스테롤 저하, 항암 효과, 시력 저하 예방, 천식, 류머티즘, 통풍 예방, 장 청소, 변비 예방, 결석 예방, 담즙의 흐름 원활, 치매 예방, 편두통 치료, 골다공증 예방, 영유아의 치아 건강

★ 주의하세요

알맹이가 미끄러워서 식도가 아닌 기도로 들어가는 위험이 있기 때문에 주의한다.

29. 키위

비타민 C가 오렌지보다 더 풍부하고, 비타민 A, E, K, 엽산이 풍부하다. 칼륨, 구리, 철분, 마그네슘, 칼슘, 인 등 미네랄도 풍부하다. 섬유소가 풍부한데, 수용성 섬유소와 불용성 섬유소를 다 함유하고 있어서 변비에 효과적이다. 키위의 검은 씨를 짠 키위 오일에는 불포화지방이 풍부하다. 키위 껍질에는 항산화제 성분이 풍부하다.

★ 제대로 먹어요

껍질만 벗기면 다 먹을 수 있고 바나나, 파인애플 주스, 사과 주스와 잘 어울린다. 눌러 보았을 때 약간 단단하고 껍질 표면은 거친 것을 고른다. 익지 않은 키위는 플라스틱 백에 넣어서 6주간 보관할 수 있다. 고기를 연하게 만들어 주는 효과가 있으며 고기 위에 키위를 발라주고 10~15분간 기다리면 효과적이다.

같이 먹으면 좋아요

사과, 아보카도, 블루베리, 배, 복숭아, 닭고기

★ 이런 효과가 있어요

빈혈 예방, 항산화 효과, 항염증 작용, 노화 방지, 면역 기능 향상, 뼈와 결체 조직 건강, 골다공증 예방, 변비 예방, 손상된 정자 교정, 혈압 정상, 콜레스테롤 저하, 동맥경화 예방, 근육 경련 예방, 정신적 피로감 해소, 위궤양 및 위암 예방

★ 주의하세요

알레르기 반응이나 입 주위의 발진을 일으킬 수 있다. 지나친 섭취 시 설사를 일으킬 수 있다.

30. 망고

펙틴을 비롯한 섬유소가 풍부해서 콜레스테롤 수치를 정상화하고 변비를 예방한다. 비타민 A, C가 풍부하고, E, B, K도 적당량 포함되어 있다. 미네랄 중에는 구리, 칼륨이 풍부하고, 소량의 마그네슘, 망간, 셀레늄, 칼슘, 철분, 인이 포함되어 있다. 갈산 같은 유기산이 있어서 장을 청소한다.

★ 제대로 먹어요

알레르기 반응이 나타날 수 있는데, 주로 과즙이 피부에 닿아서 나타나는 현상이다. 실온에서 1~2일간 보관할 수 있고, 껍질을 벗기거나 자른 것은 냉장 보관한다. 충분히 익은 망고라면 그냥 먹어도 좋다. 익은 망고를 단백질이 풍부한 우유와 섞어서 밀크셰이크로 만들면 체중 증가에 효과적이다.

같이 먹으면 좋아요

아보카도, 바나나, 블루베리, 복숭아, 멜론, 고구마, 닭고기, 요거트

★ 이런 효과가 있어요

콜레스테롤 저하, 심장 질환 예방, 빈혈, 항암 효과, 소화불량 개선, 체중 증가 및 식욕 증가, 피부 질환 완화, 시력, 탈모, 열사병, 당뇨, 세균성 감염, 축농증, 설사, 괴혈증, 질염

★ 주의하세요

피부 발진과 같은 알레르기를 일으킬 수 있는데, 알레르기 유발 물질이 껍질에 주로 있다. 따라서 알레르기가 있는 사람은 껍질 부위의 과즙으로 얼굴에 마사지하는 것을 주의한다.

31. 복숭아, 천도복숭아

수분 함량이 높고, 유기산과 섬유소가 풍부해서 장을 깨끗하게 만든다. 비타민 A, C, 카로틴 등이 풍부하다. 단맛이 많이 나고, 알칼리성 식품으로 소화하기 쉽다.

★ 제대로 먹어요

복숭아와 천도복숭아는 겉모양 차이 뿐이다. 눌러 보았을 때 단단하면서도 약간 들어가는 느낌이 좋고, 껍질의 손상이 없는 것을 고른다. 덜 익은 복숭아는 차광이 되는 종이 가방에 넣어두면 빨리 익는다. 껍질을 벗기지 않은 것은 실온에서 2~3일간 보관할 수 있는데, 껍질을 벗기고 보관하면 단맛이 사라진다. 요리 시간이 길어지면 영양가 손실이 생기므로 굽거나 찌는 방법으로 익히거나 전자레인지를 사용하는 것이 영양가 손실을 막을 수 있다.

같이 먹으면 좋아요

바나나, 아보카도, 블루베리, 사과, 당근, 고구마, 닭고기, 돼지고기, 요거트

★ 이런 효과가 있어요

변비 예방 및 장 청소, 시력 향상 및 백내장 예방, 통풍, 류머티즘 완화, 장내 기생충 제거, 이뇨 작용, 암세포 성장 억제, 면역력 증강

★ 주의하세요

복숭아에 대한 알레르기 증상이 있다면 익혀 먹거나 캔으로 된 것을 먹는다.

32. 배

수분 함량이 85~88%로 높고, 펙틴을 비롯한 섬유소가 풍부하다. 비타민 A, B1, B2, C, E, 엽산 등이 충분히 들어가 있고, 구리, 인, 칼륨과 같은 미네랄도 포함되어 있다. 과당과 단순당의 2가지 당이 주성분으로 소화하기 쉽고, 에너지의 빠른 충전에 도움이 된다. 골다공증 예방에 도움이 되는 붕소 성분이 포함되어 있다. 알칼리성 식품이다.

★ 제대로 먹어요

배 종류 중에서는 동양 배가 가장 의학적인 활용도가 높다. 동양 배는 사과와 유사한 모양과 질감을 지니고 있다. 저 알레르기성인 대표적인 과일이며 수분이 많고 소화하기도 쉽다. 적당히 단단하고 두드리면 맑은 소리가 나는 것이 좋다. 익기 전의 배는 하나하나 신문지나 랩으로 싸서 냉장고에 보관하는 것이 좋다. 실온에서 1주일, 냉장고에서는 3개월간 보관이 가능하다.

같이 먹으면 좋아요

바나나, 아보카도, 블루베리, 망고, 사과, 복숭아, 고구마, 닭고기, 요거트

★ 이런 효과가 있어요

변비 완화, 장 건강, 가래 완화, 성대 · 후두 염증 완화, 항산화, 항암 효과, 혈압 정상, 뇌졸중 예방, 콜레스테롤 수치 저하, 암 예방, 해열 효과, 면역력 증강

33. 자두

수용성 섬유소와 불용성 섬유소가 모두 풍부하게 들어 있다. 수용성 섬유소는 콜레스테롤 수치를 낮추고, 불용성 섬유소는 장내 세균에 유익하다. 비타민 A, C, K가 특히 풍부하다.

★ 제대로 먹어요

프룬은 서양 자두의 말린 형태로, 변비, 소화불량, 설사에 효과적인 대표적인 과일이다. 대표적인 저 알레르기성 과일로, 잘 보관되어야 하기 때문에 가게에 들어온 지 1주일 미만의 것을 고른다. 껍질이 손상되거나 무른 것은 고르지 않는다.

같이 먹으면 좋아요

사과, 블루베리, 크랜베리, 복숭아, 멜론, 닭고기, 요거트

★ 이런 효과가 있어요

변비 예방 및 치료, 혈압 정상화, 콜레스테롤 저하, 항암 효과, 빈혈 예방, 류마티스 관절염, 천식, 대장암 예방, 시력 향상, 결막염, 황반변성 예방, 혈당 유지, 체중 감소, 독감 예방

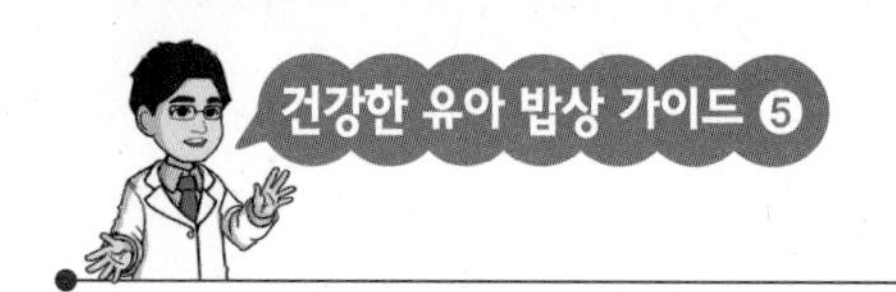

34. 호박

비타민 A와 베타카로틴이 특히 풍부하다. 칼륨, 철분 등의 미네랄이 풍부하고, 아연, 마그네슘도 풍부하다. 지방과 칼로리는 적고, 수분은 많아서 체중감소를 위한 좋은 간식이다. 전립선암, 요로 감염의 치료에 도움이 되는 성분이 포함되어 있다. 호박씨에는 단백질, 비타민, 철분, 마그네슘, 망간 등 영양분이 더 풍부하다.

★ 제대로 먹어요

멜론, 오이 등과 같은 종류로 과일의 일종으로 보아야 한다. 작은 크기를 고르는 것이 내부가 부드럽다. 무게가 2.5~4kg 사이의 것을 고르는 것이 좋다. 시원하고 어두운 곳에서 2개월간 보관이 가능하다. 그러나 일단 개봉한 단호박은 플라스틱 백에 넣어서 냉장실에서 1주일간, 냉동실에서는 3개월간 보관이 가능하다.

같이 먹으면 좋아요

바나나, 사과, 블루베리, 복숭아, 당근, 고구마, 콩, 닭고기, 요거트

★ 이런 효과가 있어요

시력 향상, 백내장, 황반변성 예방, 고혈압, 당뇨 예방, 심장병 예방, 항염, 항암 효과, 면역력 증강, 장 운동, 골밀도 향상

★ 주의하세요

아이에게는 흡인(사레들림)의 위험성 때문에 호박씨는 먹이지 않는다. 너무 오래 끓이면 영양 손실이 심하다.

35. 딸기

비타민 C, E, 베타카로틴, 엽산 등의 비타민이 풍부하다. 빨간 빛을 띠는 것은 암 예방의 항산화제 성분 때문이다. 섬유소가 풍부하다. 칼륨, 망간, 아연 등의 미네랄이 풍부하다.

★ 제대로 먹어요

섬세한 과일로 수확 후 시간이 경과할수록 물러지고 부드러워진다. 오래되지 않은 것을 고르고, 표면이 무르지 않고 손상되지 않은 것을 고른다. 또한 밝은 녹색 잎을 가진 것을 고른다. 먹기 전에 미리 씻어서 보관하지 않고 냉장고에서 1~3일간 보관할 수 있다.

같이 먹으면 좋아요

사과, 바나나, 블루베리, 망고, 키위, 파파야, 복숭아, 요거트

★ 이런 효과가 있어요

빈혈, 항암 작용, 항응고 작용, 감기, 독감 완화, 혈전 예방, 천식, 통풍, 동맥 경화, 관절염 예방, 두뇌, 정신 건강, 기억력, 집중력 향상, 소화 촉진, 변비 예방, 이뇨 작용, 혈관 손상 회복, 혈압 정상화, 면역력 상승, 스트레스 완화, 시력 향상, 황반변성 예방

★ 주의하세요

농약을 사용하는 경우가 많기 때문에 가능하면 유기농을 선택하고, 식초나 소금물에서 10분 이상 농약을 잘 헹궈내는 것이 필요하다. 자작나무 꽃가루 알레르기가 있다면 딸기를 먹을 때 조심한다. 신장 결석이 있는 환자는 섭취를 제한하는 것이 필요하다.

36. 감

비타민 A, 베타카로틴이 특히 풍부하고, 비타민 C도 풍부하다. 미네랄 중 칼륨, 망간, 마그네슘, 칼슘, 철분 등이 풍부하다. 섬유소가 풍부하다. 항염증, 출혈 억제 효과를 지닌 항산화제 성분이 포함되어 있다.

★ 제대로 먹어요

익으면 부드러워지는 홍시와 익으면 단단해지는 단감 2가지 종류가 대표적이다. 덜 익은 홍시에는 쓴 맛을 내고 변비를 유발시키므로 유의한다. 홍시를 빨리 익히기 위해서는 실온에서 갈색 종이 가방에 넣어서 보관한다. 단감은 3주까지 실온에서 보관할 수 있는데 보관할수록 단맛이 좋아진다.

홍시는 말려서 '곶감'으로, 식초 성분을 섞어서 '감식초'로 만들 수 있다. 홍시가 익으면 꿀맛을 내는데, 과육의 일부분이 갈색으로 변한 것은 상한 것이 아니라 당 성분이 높기 때문이다.

같이 먹으면 좋아요

바나나, 배, 사과, 닭고기, 요거트

★ 이런 효과가 있어요

감기 및 독감 완화, 면역력 증가, 장 운동, 변비 완화, 시력 향상, 항암 효과, 혈압 정상화, 이뇨 작용, 붓기 감소, 동맥경화 예방, 지방 대사 개선, 간 건강, 해독 작용, 에너지 생산, 스트레스, 피로감 완화

★ 주의하세요

덜 익은 홍시는 변비를 유발시키고, 드물게 '위석'을 만들 수도 있다. 단순당 성분이 높아서 당뇨 환자나 비만이 있는 경우에는 조심해야 한다. '곶감'에 단순당 성분이 더 높다.

37. 파인애플

비타민 C, B1, 엽산, 베타카로틴이 풍부하다. 미네랄 중에서는 망간이 특히 풍부하고, 칼륨, 마그네슘, 구리도 충분하다. 섬유소가 풍부하고 단백질을 소화시키고, 항염증 효과를 지닌 성분이 포함되어 있다.

★ 제대로 먹어요

잎이 진한 녹색을 띠며 마르지 않는 것을 고른다. 바닥이 손상되지 않고 표면은 금빛을 띠는 것이 좋다. 수확하면 더 익지 않기 때문에 충분히 익을 때 수확한다. 구입한 뒤 가능한 빨리 먹고, 자른 뒤에는 2~3일간 냉장 보관한다. 먹기 전에 위쪽 부분을 자른 뒤 뒤집어 놓으면 바닥쪽에 있는 과즙의 달콤한 성분이 전체적으로 잘 섞인다.

★ 이런 효과가 있어요

뼈 건강, 면역력 강화, 기침 억제, 가래 및 인후통 완화, 천식, 기관지염, 폐렴, 축농증 효과, 장운동, 소화액 분비 촉진, 염증과 부종 완화, 통증 경감, 구강 건강, 에너지 생산, 면역력 증강, 당뇨, 심장 질환, 대장암 예방, 시력 향상, 황반변성 예방

★ 주의하세요

당뇨 환자는 조심스럽게 섭취한다. 과일을 그대로 먹거나 주스로 만들어 먹는 것이 좋다.

38. 장류, 소금

발효 식품은 젖산균이나 효모 등 미생물의 발효 작용을 이용하여 만드는 식품으로, 대표적인 발효 식품으로, 된장과 간장, 고추장, 춘장과 낫토 등을 꼽을 수 있다. 발효 식품의 효능에 대해서는 아직도 많은 학자들이 연구 중에 있다. 특히 한국인의 밥상에 절대 빠지지 않는 김치의 경우 대표적인 발효 음식이자 건강음식으로 세계인의 사랑을 받고 있으며 그 효능에 대해 연구하고 있다. 발효 식품이나 김치를 만들 때 가장 중요하게 사용되는 소금은 인간 체내의 삼투압과 체액의 알칼리성을 유지한다.

★ 제대로 먹어요

이유식을 할 때는 거의 하지 않던 간을 아이가 크면서 간을 안 한 음식을 거부하거나 뱉어내기도 한다. 그래서 유아식이나 아이 밥상을 위해 다양한 장류(된장, 고추장, 간장, 춘장, 낫토 등)를 사용한 저염의 요리를 만들면 좋다. 또한 장류나 김치를 만들기 위한 소금의 선택에도 신중을 기한다. 한주꽃소금은 바다 속 중금속 등 각종 유해성 물질을 제대로 걸러냈을 뿐만 아니라 요즘 문제되고 있는 미세플라스틱 등의 불순물이 섞이지 않은 깨끗하고 안전한 소금으로 사용하면 깔끔한 맛을 낼 수 있다.

★ 이런 효과가 있어요

피부 건강, 노화 방지, 항암 효과, 독소 배출

★ 주의하세요

장류와 김치를 과다하게 섭취하면 나트륨의 섭취 또한 늘어나므로 저염으로 조리한다.

PART 02

밥 잘 먹는
우리 아이를 위한 요리 가이드

KITCHEN FLOWER
IN GOD WE TRUST

한 끼 식사가 되는
밥 · 죽 · 수프

아빠 새우
달걀 볶음밥

 준비하기 (1~2인분)

칵테일 새우 … 10마리
브로콜리 … 20g
달걀 … 1개
파 … 1큰술
밥 … 1공기
올리브 오일 … 1과 1/2큰술
참기름 … 1/2큰술
참깨 … 1/4작은술
진간장 … 1/2큰술
소금 … 한 꼬집

1 팬에 올리브 오일 1/2큰술을 두르고 푼 달걀을 부드럽게 볶아서 준비한다.

2 새우와 다진 파는 기름을 두른 팬에 넣고 볶는다.

3 기름을 두른 팬에 밥 1공기를 넣고 참기름 1/2큰술, 간장 1/2큰술을 넣은 후 볶는다.

4 1과 2를 3에 넣고 잘 섞이도록 볶아준 후 소금 한 꼬집을 넣어 간을 맞춘다.

• **달걀**
달걀은 탄수화물이 없고, 9가지 필수 아미노산이 포함되어 있는 양질의 단백질 공급원이다. 달걀의 콜린 성분은 정상적인 세포 발달과 간 기능 향상, 영양소 전달에 기여해서 아이들의 집중력 향상과 두뇌 발달에 좋다.

• **새우**
새우는 풍부한 단백질이 포함되어 있으나 상대적으로 칼로리가 낮은 건강한 식품이다. 새우에는 비타민 B12, 인산, 콜린, 구리, 요오드, 셀레늄이 풍부해서 면역 기능, 갑상선 기능 향상에 도움이 된다.

간을 맞출 때는 아이들의 입맛을 고려해서 약간 싱겁게 한다.
건강하게 소금을 섭취하기 위해 프라이팬에 볶아서 사용하기를 권장한다.

오색 영양
유부 초밥

준비하기 (2~3인분)

밥 … 1공기
다진 우엉 … 2큰술
다진 양파 … 2큰술
다진 당근 … 1큰술
소고기 … 100g
다진 단무지 … 1큰술
후리가케 … 1큰술
유부 … 적당량

단촛물

식초 … 5와 1/2큰술
설탕 … 3과 1/2큰술
소금 … 1큰술
레몬 … 1/2개
다시마 … 1장

소고기 양념

간장 … 1큰술
설탕 … 1/2큰술
다진 대파 … 1/2작은술
다진 마늘 … 1/4작은술

1 우엉과 당근은 깨끗하게 손질하여 다지고, 양파는 깨끗하게 손질한 후 1/6개를 잘게 썬다. 소고기는 굵게 다지고 분량의 양념을 모두 넣고 버무린다.

2 1에 준비된 재료를 팬에 넣고 볶는다. 이때 소금 한 꼬집을 넣어 간하여 볶는다.

3 분량의 재료를 모두 넣어 단촛물을 만든다. 볼에 2와 단촛물, 후리가케, 밥을 넣고 함께 섞는다.

4 유부에 3의 양념한 밥을 넣고 모양을 잡는다.

• 두부

두부는 8개의 필수 아미노산이 포함된 훌륭한 단백질 공급원이자 철분, 칼슘, 마그네슘, 셀레늄, 인산, 구리, 아연, 비타민 B1 등 다양한 영양분이 포함된 건강식품이다.

• 당근

당근은 시력 발달에 도움을 주는 대표적인 채소로, 눈 건강을 최상의 컨디션으로 유지시키는 대표적인 항산화제들인 베타카로틴, 루테인, 제아잔틴 등이 풍부하다. 특히 베타카로틴이 풍부하여 암(특히 폐암)과 싸우는 가장 효과적인 항산화제이며, 뇌졸중과 심장 질환을 예방하는 효과가 있다.

유부는 끓는 물에 살짝 데친 후 물기를 제거하면 더 건강하게 먹을 수 있을 뿐만 아니라 식감이 담백하고 부드럽다.

영양 무밥

 **준비하기 (2~3인분)**

쌀 … 2컵
물 … 1과 3/4컵
무 … 100g
들기름 … 1작은술
국간장 … 1/4작은술

양념장
간장 … 2큰술
참기름 … 1/2작은술
국간장 … 1/2큰술
깨소금 … 1/4작은술
다진 마늘 … 1/3작은술
고춧가루 … 약간
실파 … 약간

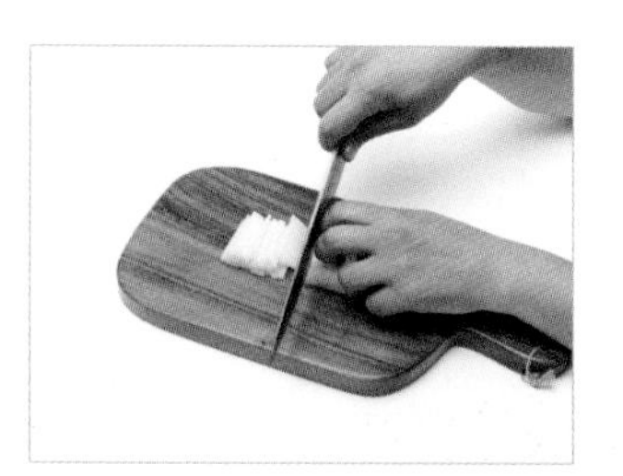

1 쌀은 씻은 후 30분 정도 불리고, 무는 두께 0.5cm, 길이 4cm로 자른다.

2 솥에 들기름과 국간장을 넣고 무를 한 번 살짝 볶아준 후 불려둔 쌀과 물 4/3컵을 넣고 밥을 안친다. 이때 센불에서 1~2분, 중불에서 2분, 약불에서 12분 정도 끓인 후 1~2분간 뜸을 들인다.

• 무

무는 비타민 C, 엽산이 특히 풍부하며, 비타민 B1, B6, K가 풍부하다.
다량의 섬유소로 아이의 장 운동과 소화에 도움을 주고 변비를 해소한다.
항염증, 항바이러스, 항균 작용으로 다양한 호흡기 감염을 치료하는 데 도움이 된다.
항울혈 기능으로 코막힘 증상 해소에 도움이 된다.

미역
전복죽

준비하기 (1~2인분)

쌀 … 1/2컵
참기름 … 1큰술
전복 … 1~2마리
불린 미역 … 반 줌
물 … 4컵
국간장 … 1큰술
소금 … 1/4작은술

1 찹쌀은 씻은 후 30분, 미역은 10분 정도 불린다. 전복은 입을 제거하고 깨끗하게 손질하여 먹기 좋은 크기로 썬다.

2 불린 미역은 잘게 자른 후 전복을 넣고 국간장 1큰술, 참기름 1큰술을 두른 후 볶는다.

3 불린 쌀도 함께 볶은 후 물을 붓고 죽이 퍼질 때까지 10~15분 정도 더 끓인다.

• **전복**

지방은 적고 오메가 3, 요오드, 인산이 풍부해 두뇌 발달, 면역 기능 향상에 도움이 된다.

쌀을 믹서에 한 번 갈아서 끓인 죽은 아이들이 먹기에 좋다.
성인이 먹을 때는 전복 내장을 함께 넣어 끓여도 좋다.

오므라이스

준비하기 (1인분)

밥 … 1공기
버터 … 1큰술
다진 양파 … 2큰술
굴소스 … 1/2큰술
다진 당근 … 1큰술
다진 소고기 … 4큰술
올리브 오일 … 1큰술
달걀 … 3개
우유 … 2큰술
소금 … 한 꼬집
케첩 … 약간

1 양파와 소고기, 당근은 잘게 다져서 팬에 1분 정도 볶는다. 볼에 달걀과 소금 한 꼬집을 넣고 잘 섞는다.

2 팬에 버터 1큰술과 밥을 넣고 1~2분 볶다가 굴소스 1/2큰술을 넣고 1분 정도 더 볶는다. 이때 소금 한 꼬집을 넣어 간을 맞춘다.

3 팬에 기름을 두르고 달걀 물을 부어 가장자리가 타지 않도록 부친다. 그릇에 둥근 달걀지단을 담고 지단의 절반만큼 볶음밥을 담은 후 지단을 접는다.

• 소고기

소고기는 닭고기나 생선에 비해서 철분 함량이 높다.
소고기는 어린이의 성장과 에너지 보충에 필수적인 8개의 아미노산을 포함하고 있는 훌륭한 단백질 공급원으로, 미네랄과 비타민이 풍부하다.

아보카도
김밥

준비하기 (1인분)

밥 ··· 1공기
김 ··· 2장
아보카도 ··· 1개
단무지 ··· 2개
게맛살 ··· 1줄
마요네즈 ··· 1큰술

단촛물

식초 ··· 5와 1/2큰술
설탕 ··· 3과 1/2큰술
소금 ··· 1큰술
레몬 ··· 1/2개
다시마 ··· 1장

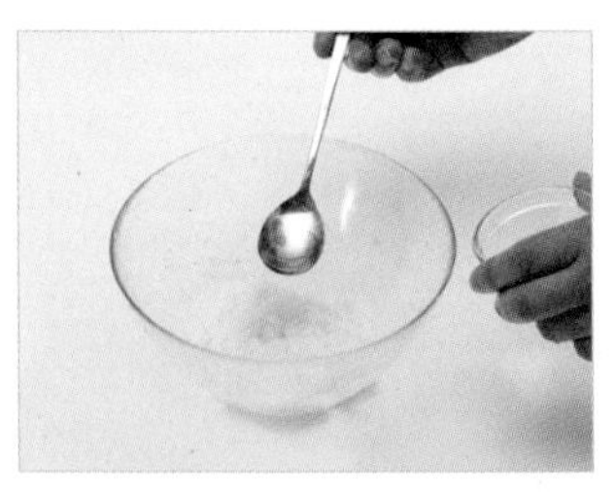

1 분량의 재료를 섞어 단촛물을 만들어 밥 2/3공기와 단촛물 1과 1/2큰술을 넣고 섞는다. 아보카도는 깨끗하게 씻어서 절반을 자른 후 수저를 이용해서 껍질을 벗기고 슬라이스 한다.

2 게맛살은 찢어서 마요네즈와 버무리고 단무지는 물기를 빼놓는다.

3 김발에 김 1장을 놓고 양념한 밥을 펼치고 아보카도와 게맛살, 단무지를 넣고 만다.

4 먹기 좋은 크기로 자른 후 접시에 담는다.

닥터 SAY

• 아보카도

아보카도는 영양가와 칼로리가 높은 대표적인 과일이다.
칼로리를 만드는 3대 영양소인 탄수화물, 단백질의 함량이 높고 특히 단불포화지방이 많아서 두뇌, 운동 능력 발달에 도움이 된다.
또한 칼륨, 철분, 구리, 인산, 마그네슘이 풍부하고, 섬유소와 비타민 A, B 복합체, 엽산도 풍부하다.

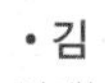

• 김

김에는 섬유소가 풍부해서 장 운동에 도움이 된다.
김에는 시력 발달에 도움이 되는 비타민 A, 면역 기능에 관여하는 비타민 C가 비교적 풍부하다.

맛살이나 크래미를 사용할 때는 껍질을 벗겨서 찬물에 5분 정도 담가 두었다 물기 제거 후 사용한다.

불고기
김치 볶음밥

준비하기 (1~2인분)

밥 … 1공기
배추김치 … 1/2컵
불고기 … 80g
다진 애호박 … 1큰술
다진 양파 … 2큰술
다진 당근 … 1큰술
올리브 오일 … 1큰술
참기름 … 1작은술
김가루 … 2큰술
참깨 … 1/2작은술
소금 … 한 꼬집

1 배추김치와 애호박, 양파, 당근은 다진다.

2 불고기는 분량의 양념장을 넣어 재운다.(134쪽 참고)

3 팬에 기름을 두르고 다진 김치를 볶다가 양념한 불고기, 양파와 당근을 함께 볶는다.

4 3에 밥을 넣어 볶고 참기름과 김가루를 넣어 한 번 더 볶은 후 접시에 담는다.

• 배추

배추에는 비타민 A, C, K, 엽산, 섬유소가 풍부하고, 미네랄 중에서는 칼슘, 칼륨, 인, 요오드, 황, 철분 등이 풍부하다.
배추는 항암 효과와 알레르기 예방, 면역 기능을 향상시키고 장 운동에 도움이 된다.

오대 영양소가
풍부한 밤죽

준비하기 (1인분)

밤 … 1컵
불린 쌀 … 1/2컵
물 … 5컵
설탕 … 1/2큰술
소금 … 1/3작은술

1 껍데기를 깐 밤은 10분 정도 삶아서 한 김 식힌다.

2 삶은 물과 밤은 믹서에 넣어 간다. 이때 쌀도 함께 넣어 간다.

3 냄비에 참기름을 두르고 갈아둔 쌀을 넣어 볶는다.

4 갈아놓은 밤도 넣어 끓인다. 쌀알이 퍼지면 설탕과 소금으로 간을 하고 그릇에 담은 후 삶은 밤 1개를 체에 갈아서 고명으로 올린다.

• 밤

밤에는 비타민 B 계열, 칼륨이 풍부해서 두뇌 발달과 신경 발달에 도움이 되며 특히 섬유소가 풍부해서 장 운동에 도움이 된다.
밤은 면역력 증진에 도움을 주고, 탄수화물, 지방, 단백질, 비타민, 미네랄 등 5대 영양소가 풍부하게 들어가 있어 성장기 어린이에게 좋다.
밤은 비교적 고칼로리인 견과류와는 달리 전분이 풍부해서 고구마, 감자와 같은 식품에 가깝다고 볼 수 있다.

껍질 있는 밤은 압력 밥솥에 물 1컵을 넣고 5분 동안 찌고 5분 동안 뜸을 들인다. 이때 냄비에 삶을 경우 25분 동안 삶는다.
뜨거운 밤은 찬물에 식히면 껍질이 잘 까진다.

버섯 덮밥

준비하기 (1~2인분)

밥 … 1공기
표고버섯 … 2개
양송이 … 2개
칵테일 새우 … 10알
달걀 … 1개
홍피망 … 1/4개
청경채 … 1개
설탕 … 1작은술
올리브 오일 … 1작은술
물 … 1/4컵
다진 대파 … 1/2큰술
다진 마늘 … 1/3큰술
굴소스 … 1큰술
물전분 … 1큰술
소금 … 한 꼬집

1 볼에 달걀을 풀고 기름을 두른 팬에 부어 스크램블을 만든다. 여기에 밥 1공기를 넣고 2분 정도 볶고 소금과 참기름을 넣어 양념한다.

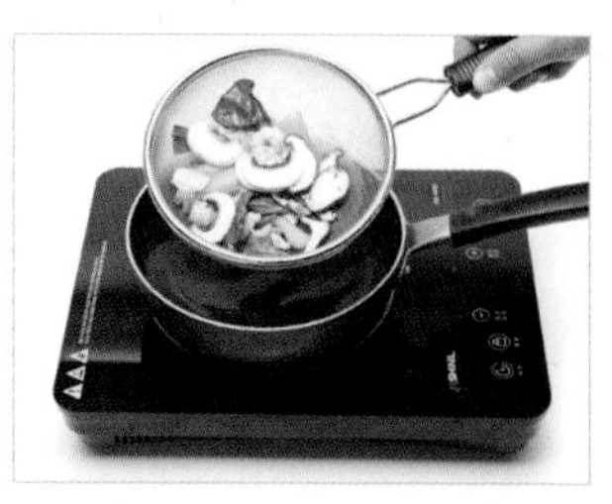

2 표고버섯과 양송이버섯, 청경채는 슬라이스 하여 끓는 물에 데치고 새우도 살짝 데친다.

3 팬에 올리브 오일을 두르고 다진 대파와 다진 마늘을 넣어 볶는다.

4 2의 버섯과 새우를 넣고 볶다가 굴소스 1큰술을 넣고 30초간 볶고 물 1/4컵을 넣어 한 번 더 볶는다. 설탕 1작은술과 소금으로 간을 하고 물전분으로 농도를 맞추고 참기름을 두른 후 접시에 달걀밥을 담고 버섯볶음을 밥 위에 올린다.

• 버섯

채소 중에서 육류에 가까운 영양조성을 가지고 있어서 다른 채소들에 비해서 단백질, 탄수화물, 지방의 비율이 높다.
수분 함량이 높고, 단백질을 구성하는 아미노산 중에서 필수 아미노산의 함량이 높다.
지방은 건강에 유익한 불포화지방의 비율이 80%에 달하며, 면역 기능을 향상시키고 강력한 항산화제 성분과 위암 예방과 연관된 성분이 풍부하다.
엽산이 특히 풍부하고, 비타민 A, B 계열, C가 풍부하다. 다른 식물에서는 발견되지 않는 비타민 D가 함유되어 있고, 느타리버섯의 경우 열이 가해지는 요리에도 비타민 D가 남아 있다.

물전분은 물과 전분을 섞어서 10분간 두면 전분이 가라앉는다. 이때 위에 물은 버리고 사용한다. 물과 전분의 비율은 1:1이다.

연어
치즈밥

준비하기 (1~2인분)

밥 … 1공기
연어훈제 … 10조각
모짜렐라 치즈 … 1/2컵
참기름 … 1작은술
홀스래디쉬 소스 … 3큰술
실파 … 2줄기
깨 … 약간
소금 … 한 꼬집

1 볼에 밥과 소금, 참기름, 깨를 넣고 버무린다. 양념한 밥은 한 수저(15g)씩 떠서 초밥 모양으로 만든다.

2 연어훈제 조각을 팬에 구워 1의 밥 위에 올린다. 모짜렐라 치즈를 뿌리고 전자레인지에 1분간 돌려 치즈가 살짝 녹으면 실파와 흑임자를 올려 가니쉬하여 담는다.

• 연어

고단백의 비타민과 미네랄, 칼슘이 풍부하고 망막과 신경 발달에 도움이 되는 오메가 3가 풍부한 건강한 재료로, 비타민 B12, B5, D, 셀레늄, 인산 등이 특히 풍부하다.
비타민 D가 풍부해서 뼈 건강과 면역 기능 향상에 도움이 되고, 시력 향상과 피부 건강에도 도움이 된다.
최근에는 ADHD 예방에도 도움이 된다는 연구가 있다.

• 모짜렐라 치즈

모짜렐라 치즈는 우유로부터 유래한 재료로, 훌륭한 단백질 공급원이면서 에너지 생성 및 유지와 연관된 비타민 B군이 특히 풍부하다.
칼슘, 인산, 비타민 D가 풍부해서 뼈 건강에 도움이 되며, 피부 건강, 시력 발달, 빈혈 예방에도 도움이 된다.
건강을 위해서는 지방이 없는 것이 좋으므로 탈지 우유로부터 만들어진 치즈를 선택하는 것이 좋다.

달콤한
호박 수프

준비하기 (2~3인분)

단호박 … 150g
양파 … 60g
우유 … 1컵
생크림 … 1/2컵
소금 … 한 꼬집
후추 … 약간

1 단호박과 양파는 잘게 슬라이스 한다.

2 팬에 오일을 두르고 5~6분 정도 볶는다.

3 2의 냄비에 우유와 생크림을 붓고 끓인다.

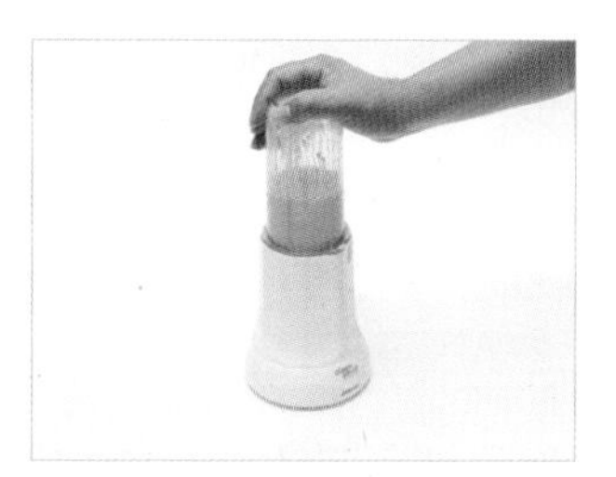

4 끓인 3의 내용물을 갈고 다시 냄비에 부어 5분간 더 끓인 후 소금과 후추로 간을 맞춘다.

• 호박

호박에는 비타민 A와 베타카로틴이 특히 풍부하며 칼륨, 철분 등의 미네랄, 아연, 마그네슘이 풍부하다.
지방과 칼로리는 적고, 수분은 많아서 체중 감소를 위한 좋은 간식이 되며 특히 시력 발달과 면역력 강화에 도움이 된다.

믹서에 볶거나 끓인 내용물을 갈 때 너무 뜨거운 상태에서 갈면 믹서가 터질 위험이 있기에 한 김 식힌 후 간다.

누구나 쉽게 만드는 맛있는

매일 반찬

쫄깃한 애느타리 버섯 볶음

준비하기 (1~2인분)

애느타리버섯 … 120g
참기름 … 1/2작은술
깨 … 1/4작은술
실파 … 1줄기
소금 … 한 꼬집

1 애느타리 버섯은 버섯 밑동을 자르고 손으로 가볍게 찢는다.

2 찢은 애느타리버섯은 끓는 물에 30초간 데친 후 찬물에 식혀 물기를 짠다.

3 2의 버섯을 볼에 담은 후 참기름과 소금 한 꼬집을 넣고 무친다. 그릇에 담아 낼 때 실파를 썰어서 올려도 좋다.

• 느타리버섯

섬유소, 단백질, 지방이 골고루 들어 있으며, 비타민 D가 특히 풍부해서 면역력 향상, 뼈 성장에 도움이 된다.

구리, 엽산이 풍부해서 두뇌 발달에 도움이 되고, 비타민 B 계열이 풍부해서 에너지 생성 및 유지에도 도움이 된다.

브로콜리
두부 무침

준비하기 (1~2인분)

브로콜리 … 1줄기
두부 … 1/2모
참기름 … 1작은술
깨 … 1작은술
소금 … 1/4작은술
다진 마늘 … 1/2작은술
다진 대파 … 1작은술

1 브로콜리는 깨끗하게 손질하여 마디마디를 자른다.

2 1의 브로콜리는 끓는 물에 소금을 한 꼬집 넣고 30초 정도 데친다. 두부도 끓는 물에 2~3분 데친 후 물기를 빼고 으깬다.

3 데친 브로콜리와 두부를 함께 섞어서 버무리고 참기름, 깨, 소금, 다진 마늘, 다진 파를 넣어 무친다.

닥터 SAY

• **브로콜리**

칼슘이 많이 들어있는 대표적인 녹색 채소로, 비타민 A, C, K, 엽산이 특히 풍부하며 비타민 C는 오렌지보다 많이 들어있다.
비타민 B6, E, 칼슘, 칼륨, 마그네슘, 셀레늄, 철분이 풍부하다. 특히 칼슘이 풍부한데, 포화지방이 들어 있는 우유보다도 더 좋은 칼슘 공급원이다.

셰프 SAY

브로콜리 두부 무침이 싱겁게 느껴지면 국간장을 넣어 간을 맞추면 좋다. 국간장을 이용해서 간을 맞추면 풍부한 감칠맛을 느낄 수 있다.

아삭한 콩나물 무침

준비하기 (1~2인분)

콩나물 … 1봉(250g)
통깨 … 1/2큰술
다진 마늘 … 1/2작은술
소금 … 1/4작은술
참기름 … 1큰술
새우젓 … 1/4작은술

1 냄비의 2/3정도 되는 물을 붓고 끓으면 손질한 콩나물을 넣어 3분 30초~4분 동안 삶는다.

2 데친 콩나물은 찬물에 식히고 물기를 제거한다.

3 2에 통깨, 다진 마늘, 소금, 참기름, 새우젓을 넣어 무친다. 마무리로 접시에 담고 깨를 뿌린다.

• 콩나물
섬유소와 지방이 적어서 칼로리는 낮으면서 단백질은 비교적 풍부하다.
비타민 B 계열의 비타민과 셀레늄이 풍부해서 에너지 생성 및 유지, 면역 기능 향상에 도움이 된다.

콩나물은 삶는 방법이 가장 중요한데, 냄비의 뚜껑을 처음부터 열고 삶거나 익을 때까지 뚜껑을 열지 않아야 비린내 없이 잘 삶아낼 수 있다.

힘센 시금치 무침

준비하기 (1~2인분)

시금치 … 240g
국간장 … 1작은술
다진 마늘 … 1/2작은술
참기름 … 1작은술
깨 … 1작은술

1 시금치는 뿌리 부분을 깨끗하게 손질하고 물에 씻는다.

2 냄비에 물을 붓고 끓으면 소금 한 꼬집을 넣고 시금치를 넣어 25초 정도 데친 후 찬물에 식힌다.

3 데친 시금치는 물기를 세거하고 국간장과 참기름, 깨소금, 다진 마늘을 넣고 무친다. 나머지 간은 소금 한 꼬집 정도로 맞춘다.

• 시금치

시금치에는 비타민 A, K가 특히 풍부하고, 비타민 C, E, 엽산도 풍부하다.
특히 미네랄 중 칼슘, 철분이 풍부하며 식물성 영양소를 포함하고 있어 항암 효과가 있다.
강한 알칼리성 식품으로 몸의 산성 상태를 중화시켜 성장기 어린이에게 꼭 필요한 식품이다.

시금치 무침에 사용한 양념은 다른 나물 무침 양념으로 사용할 수 있다.

보랏빛
가지 나물

준비하기 (1~2인분)

가지 … 2개
국간장 … 1/2큰술
다진 마늘 … 1/2작은술
다진 대파 … 1큰술
참기름 … 1큰술
통깨 … 1작은술
멸치액젓 … 1/2큰술
실파 … 1줄기

1 가지는 두께 0.5cm, 길이 4cm로 자른 후 김이 오른 찜솥에 4~5분 동안 찌고 뚜껑을 열어 한 김 식힌다.

2 볼에 찐 가지와 국간장, 멸치액젓, 다진 마늘, 다진 대파, 참기름, 통깨를 넣고 버무린다.

• 가지

섬유소가 풍부해서 장 운동을 도와주며, 비타민 A, K, 엽산, B3(니아신), 미네랄 중에서는 칼륨, 망간, 구리, 마그네슘이 풍부하다.
항암 효과가 있는 식물성 영양소가 포함되어 있다.
하지만 히스타민 성분이 포함되어 있어 알레르기 증상을 나타날 수 있고, 쓴 맛이 나는 경우에는 위 점막을 자극해서 복통을 일으킬 수 있다.

가지를 찔 때 김이 오르지 않은 찜솥에서는 6~7분 동안 찐다

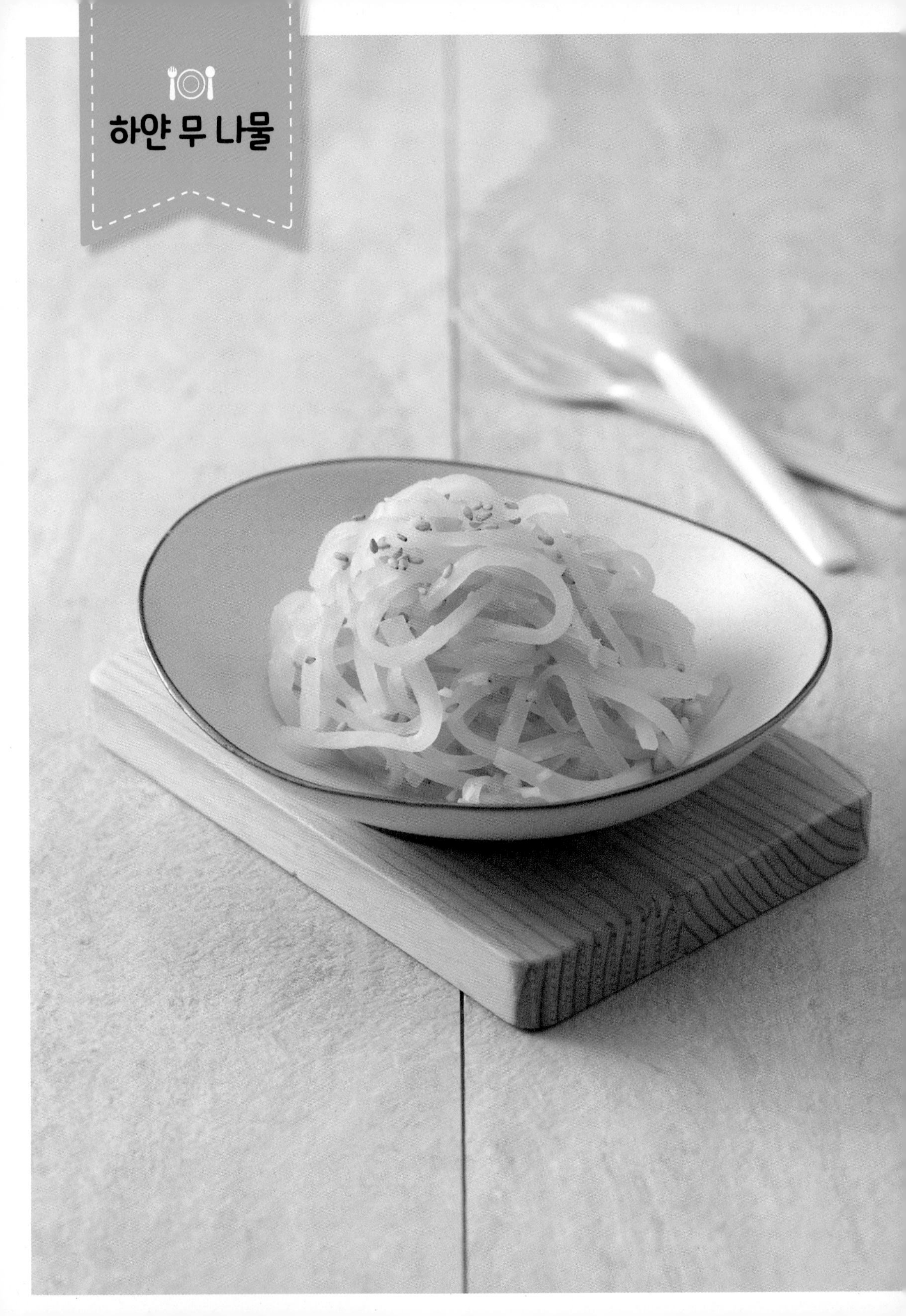
하얀 무 나물

준비하기 (1~2인분)

무 … 150g(한 토막)
소금 … 1/4작은술
다진 대파 … 1작은술
깨 … 1/2작은술
물 … 4큰술
국간장 … 1/4작은술
다진 마늘 … 1/2작은술
참기름 … 1/2큰술

1 무는 길이대로 채 썰어 소금 1/4작은술을 넣고 조물락 무친다.

2 냄비에 1의 무와 물 4큰술을 넣고 2분 정도 익힌다.

3 2에 참기름 1/2큰술을 두르고 다진 대파와 다진 마늘을 넣고 2~3분간 달달 볶는다. 감칠맛이 나도록 국간장 1/4작은술을 넣고 살짝 볶는다.

4 다 익은 무 나물은 그릇에 담고 깨를 뿌린다.

• 대파

비타민 C, 엽산이 풍부하고 비타민 A, B 계열도 적당량 함유되어 있으며, 미네랄 중에서는 크롬 성분이 특히 풍부하고, 칼슘, 인, 마그네슘, 철분, 망간, 몰리브덴도 풍부하다.
대파에는 섬유소가 풍부하고 항암, 항산화, 항염증에 도움이 된다.

• 무

무는 비타민 C, 엽산이 특히 풍부하며, 비타민 B1, B6, K가 풍부하다.
다량의 섬유소로 아이의 장 운동과 소화에 도움을 주고 변비를 해소한다.
항염증, 항바이러스, 항균 작용으로 다양한 호흡기 감염을 치료하는 데 도움이 된다.
항울혈 기능으로 코막힘 증상 해소에 도움이 된다.

연근 우엉 조림

준비하기 (1~2인분)

연근 ··· 100g
우엉 ··· 50g

조림 소스
간장 ··· 1/2컵
물엿 ··· 2/3컵
물 ··· 2와 1/2컵
참기름 ··· 1/2작은술

1 연근은 껍질을 제거하고 0.5cm로 자르고 우엉도 껍질을 제거하고 둥글둥글하게 썬다. 식초 1/2큰술을 넣은 물에 연근과 우엉을 담가 색의 변색을 막는다.

2 연근과 우엉은 끓는 물에 5분 정도 데친다.

3 분량의 재료를 넣고 조림 소스를 만들어 2의 데친 우엉과 연근을 넣고 조린다.

4 조린 연근과 우엉에 참기름을 두르고 그릇에 담는다.

• 연근

비타민 C, B6, 구리, 철분 등이 특히 풍부하며, 섬유소가 풍부해서 소화 기능 향상에 도움이 된다.

• 우엉

혈당지수가 45로 낮은 건강한 재료로, 이눌린이라는 유익한 섬유소로 장내 유익균의 증식을 도와서 장내 건강을 유지하는 데 도움이 된다.
바나나만큼 칼륨이 풍부해서 심장 건강과 근육 발달에 도움이 되며, 비타민 B6가 풍부해서 신경 발달과 두뇌 발달에 도움이 된다.

땅콩이나 견과류를 졸여서 사용해도 맛이 좋다.
조림 소스에 건표고버섯, 대파, 양파 등의 자투리 채소를 넣고 조리면 더욱 맛있다.

아삭한 오이 피클

준비하기 (1~2인분)

생강 … 1통
오이 … 800g
통후추 … 5알
식초 … 1컵
설탕 … 1컵
물 … 1과 1/3컵
대파 … 1줄기

1 설탕, 물, 대파, 생강, 후추를 냄비에 넣고 끓인 후 식초를 부어 섞는다.

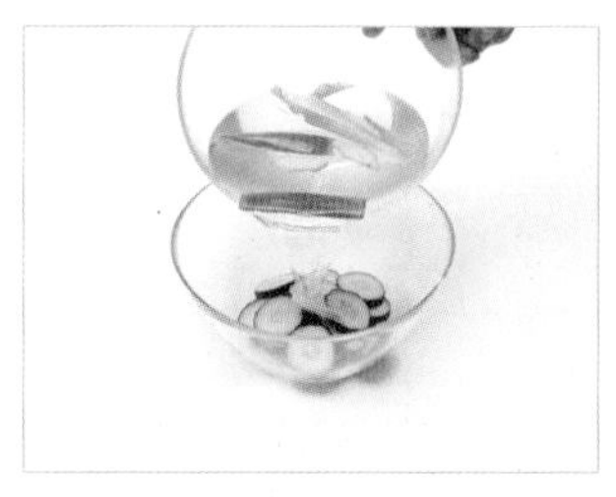

2 오이는 깨끗하게 씻은 후 유리통에 담은 후 1의 소스를 붓고 2~3일 숙성한 후 먹는다.

닥터 SAY

• **생강**

생강 주스는 서양에서는 기침을 진정시키는 민간요법으로 많이 사용된다.

• **오이**

알칼리성 식품으로, 비타민 A, C, 엽산, 칼륨, 칼슘, 섬유소가 풍부하며, 망간, 마그네슘, 몰리브덴 등도 충분량 들어있다.

수분 함량이 특히 많고 천연적으로 만들어진 증류수와 유사하기 때문에 일반 물보다 더 좋다. 더운 여름날이나 열이 있을 때 열을 떨어뜨리고 수분을 공급해 주는 효과가 있다.

에렙신이라는 단백 분해 효소가 호흡기 질환의 증상을 완화시키고, 아이에게 생기는 잇몸 질환과 충치 치료에 도움이 된다.

absorba

아이가 좋아하는

특별식

시금치 베이컨 말이

준비하기 (1~2인분)

시금치 … 두 줌
달걀 … 1개
베이컨 … 6줄
밥 … 1공기
소금 … 1/4작은술
참기름 … 1/2작은술
깨 … 1/2작은술

1 시금치는 끓는 물에 소금을 약간 넣고 20초 정도 데친 후 찬물에 식혀서 물기를 짠다.

2 베이컨은 한 번 데친 후 1/2 크기로 자른다.

3 밥에 시금치를 다져서 넣고, 소금 1/3작은술, 참기름, 깨를 넣고 양념한다.

4 양념한 밥을 작게 만든 후 베이컨으로 말고 달걀 물을 입혀 노릇하게 굽는다.

• 시금치
시금치에는 비타민 A, K가 특히 풍부하고, 비타민 C, E, 엽산도 풍부하다.
특히 미네랄 중 칼슘, 철분이 풍부하며 식물성 영양소를 포함하고 있어 항암 효과가 있다.
강한 알칼리성 식품으로 몸의 산성 상태를 중화시켜 성장기 어린이에게 꼭 필요한 식품이다.

베이컨은 뜨거운 물에 20초 정도 살짝 데쳤다가 사용하면 더 깔끔한 맛을 즐길 수 있다.

시금치 모짜렐라
치즈 달걀말이

준비하기 (1~2인분)

달걀 ··· 6개
다진 당근 ··· 1큰술
다진 양파 ··· 2큰술
다진 대파 ··· 1큰술
시금치 ··· 반 줌
소금 ··· 1/4작은술
모짜렐라 치즈 ··· 한 줌

1 당근과 양파는 잘게 다지고 깨끗하게 씻은 시금치도 잘게 썬다.

2 달걀은 볼에 풀어서 준비하고 대파와 소금을 넣고 간을 맞춘 후 체에 걸러 1의 채소를 섞는다.

3 팬에 기름을 두르고 2의 달걀 물을 한 국자를 넣고 굽는다.

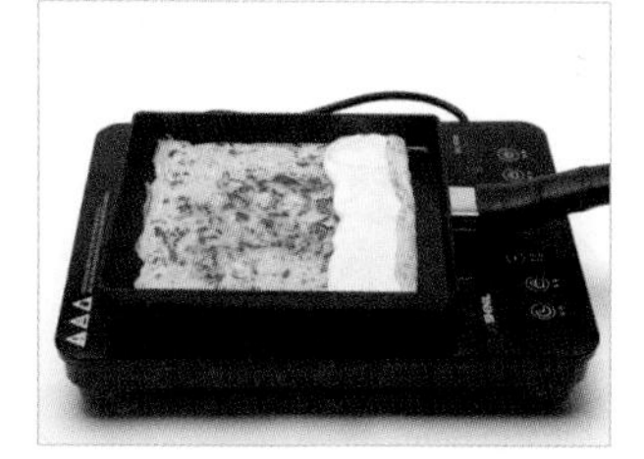

4 달걀이 절반 정도 익으면 모짜렐라 치즈를 올리고 달걀을 만다. 기호에 따라서 케첩을 뿌려서 먹는다.

• 달걀

달걀은 탄수화물이 없고, 9가지 필수 아미노산이 포함되어 있는 양질의 단백질 공급원이다. 달걀의 콜린 성분은 정상적인 세포 발달과 간 기능 향상, 영양소 전달에 기여해서 아이들의 집중력 향상과 두뇌 발달에 좋다.

• 모짜렐라 치즈

모짜렐라 치즈는 우유로부터 유래한 재료로, 훌륭한 단백질 공급원이면서 에너지 생성 및 유지와 연관된 비타민 B군이 특히 풍부하다.
칼슘, 인산, 비타민 D가 풍부해서 뼈 건강에 도움이 되며, 피부 건강, 시력 발달, 빈혈 예방에도 도움이 된다.
건강을 위해서는 지방이 없는 것이 좋으므로 탈지 우유로부터 만들어진 치즈를 선택하는 것이 좋다.

불고기
냉채 샐러드

준비하기 (1~2인분)

양상추 … 1/6통
치커리 … 5잎
쫑상추 … 5잎
방울토마토 … 3개
불고기 … 100g

드레싱
올리브 오일 … 4큰술
간장 … 1큰술
씨겨자 … 1큰술
현미 식초 … 1큰술
설탕 … 1큰술
레몬즙 … 2큰술
후추 … 약간

1 방울토마토는 깨끗이 씻어서 절반을 자르고 양상추와 치커리, 쫑상추는 먹기 좋은 크기로 자른다.

2 분량의 재료를 모두 넣고 드레싱을 만든다.

3 양념한 불고기는 팬에 볶는다. (134쪽 참고)

4 그릇에 1의 채소와 3의 불고기를 담은 후 2의 드레싱을 2~3큰술 뿌린다.

• 상추와 양상추

상추와 양상추는 섬유소가 풍부하고, 수분 함량이 90~95% 정도로 높은 건강한 재료로, 샐러드로 만들어 먹거나 가볍게 요리해야 수분과 영양소의 손질이 적다.
특히 비타민 A, K가 특히 풍부하고, 비타민 B1, C, E, 엽산, 칼륨, 망간, 몰리브덴 등이 풍부하며 칼슘, 인, 철분, 마그네슘도 상당량 함유되어 있다.
양상추는 상추에 비해서 비타민 A, C, 철분, 칼륨, 칼슘 등이 대부분 적다. 그러나 바삭거리는 독특한 식감 때문에 샐러드 재료로 선호하는 경우가 많다.
양상추는 지방간을 예방하고, 인지 기능 향상에 도움이 되는 비타민 B 복합체인 콜린의 함량이 높다.
상추는 색이 짙을수록 영양분이 높고 클로로필의 함량이 높다.

씨겨자 드레싱은 고기류와 잘 어울리고 보관이 용이해서 만들어 두면 유용하게 활용할 수 있다.

닭 안심
카레

준비하기 (3~4인분)

닭 안심 … 250g
감자 … 2개
애호박 … 1/3개
당근 … 1/3개
양파 … 1/2개
다진 마늘 … 1작은술
물 … 4컵
밥 … 1공기
카레 … 1봉
후추 … 약간

1 닭 안심은 물에 깨끗이 씻은 후 0.5cm로 먹기 좋게 자르고, 감자, 애호박, 당근, 양파는 0.5cm 큐브 모양으로 자른다.

2 팬에 올리브 오일을 두르고 1의 닭을 볶다가 채소도 함께 볶는다.

3 고기와 채소가 자작하도록 물을 붓고 5분간 끓인 후 카레 1봉을 물 4컵에 풀어서 넣고 더 끓인다. 싱거우면 소금으로 간을 맞춘다.

• 닭고기

탄수화물은 없고, 지방과 칼로리는 적으면서 단백질과 비타민, 미네랄은 풍부한 9개의 필수 아미노산이 포함된 양질의 단백질이다.

에너지 생성과 유지에 필수적인 비타민 B군이 중에서 특히 비타민 B6가 풍부한데, 비타민 B6는 단백질 대사와 면역력 향상, 두뇌 기능 향상에 도움이 된다.

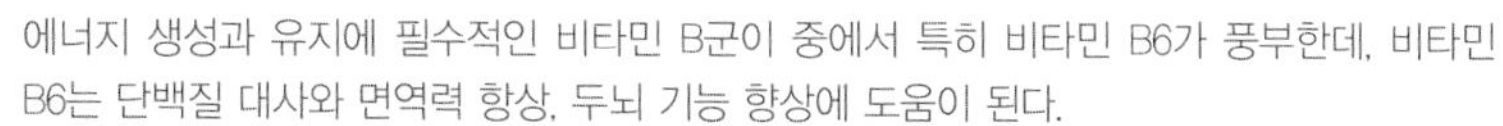

미네랄 중에는 인산과 셀레늄이 특히 풍부하며, 인산은 뼈, 치아 건강에 필수적이며 셀레늄은 면역 기능 향상과 갑상선 기능 향상에 도움이 된다.

• 카레

면역 기능 향상과 뼈 건강 향상에 도움이 되며, 세균성 감염의 위험을 감소시키고 소화 기능 향상에도 도움이 된다.

또한 류마티스 관절염에서의 통증 경감, 심혈관 질환과 알츠하이머병 예방에도 도움이 된다.

집에 남은 과일을 넣어서 카레를 만들어도 좋다.

카레에 들어있는 커큐민은 항산화 작용에 많은 도움을 준다.

카레에 사용하는 채소는 더 작게 썰면 어린 아이들이 먹기에 한결 수월하다.

버섯 불고기

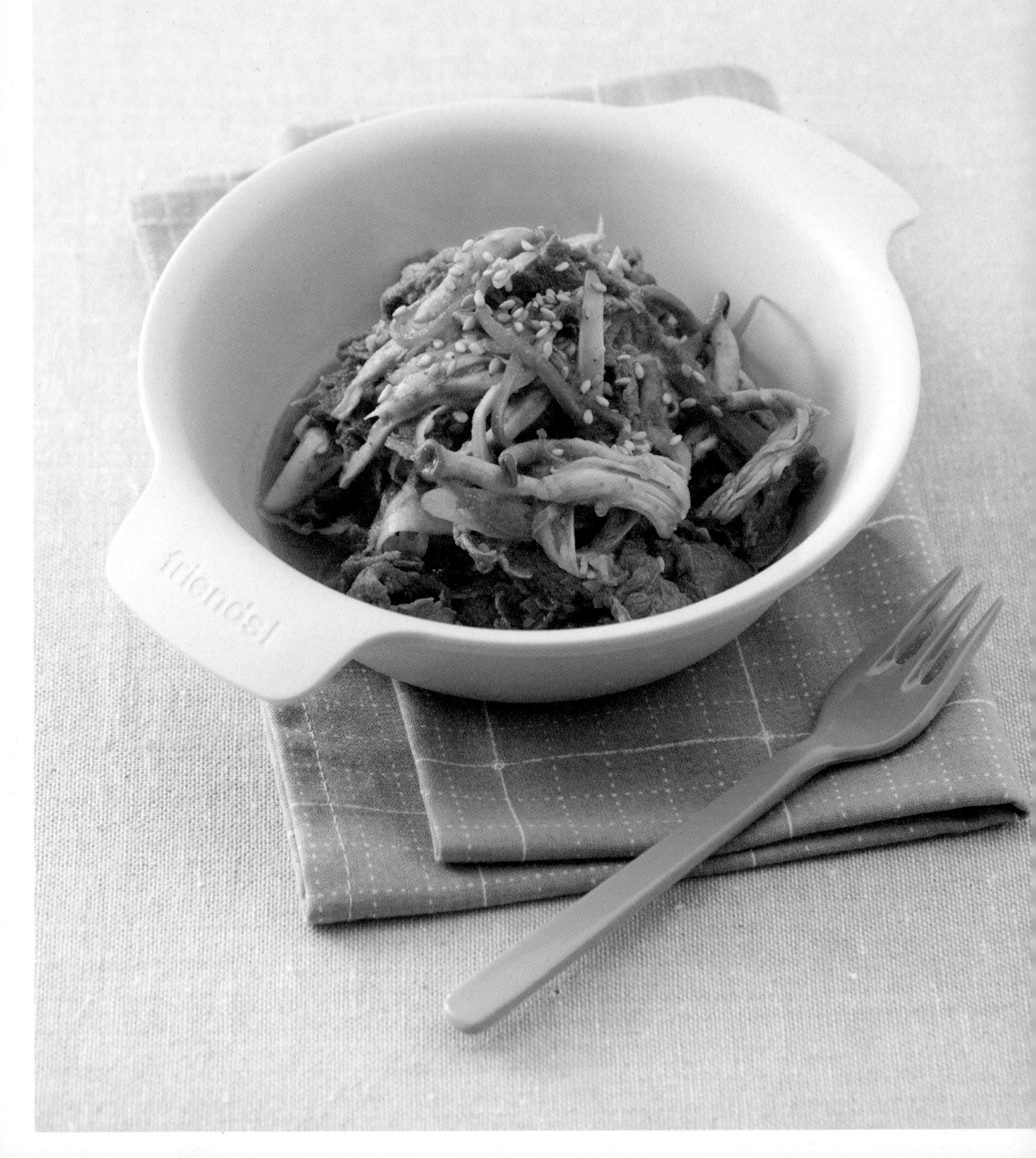

준비하기 (1~2인분)

소고기 등심 … 200g
느타리버섯 … 1줌
당근 … 1/6개
대파 … 1/2개
참기름 … 1큰술

양념

간장 … 6큰술
물 … 1과 1/2컵
설탕 … 3큰술
미림 … 2큰술
정종 … 1큰술
다진 마늘 … 2큰술
간 생강 … 1/2큰술
깨 … 1큰술
양파 … 1/4개
배 … 1/4개
매실청 … 1큰술
후추 … 약간

1 당근은 채 썰고 대파는 어슷 썰고, 느타리버섯은 찢어서 준비한다.

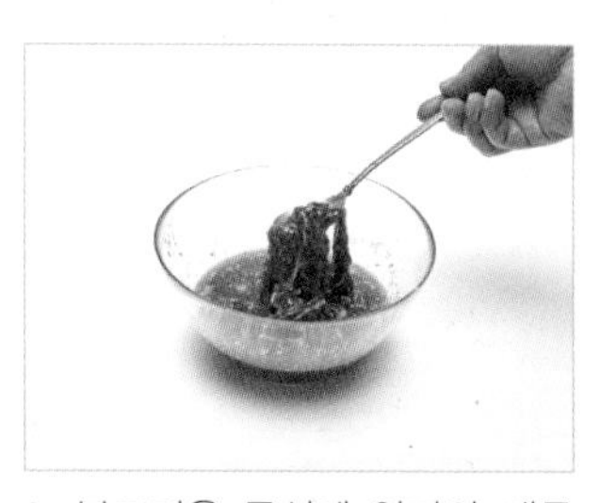

2 불고기용 등심에 양파와 배를 갈아서 버무리고 분량의 나머지 재료를 넣어 양념을 만들고 고기에 양념이 베이도록 버무려 재운다.

3 2의 고기를 볶다가 1의 채소와 버섯을 함께 넣어 볶고 마지막으로 참기름을 둘러 접시에 담는다.

• **버섯**

채소 중에서 육류에 가까운 영양조성을 가지고 있어서, 다른 채소들에 비해서 단백질, 탄수화물, 지방의 비율이 높다.
수분 함량이 높고, 단백질을 구성하는 아미노산 중에서 필수 아미노산의 함량이 높다.
지방은 건강에 유익한 불포화지방산의 비율이 80%에 달하며, 면역 기능을 향상시키고 강력한 항산화제 성분과 위암 예방과 연관된 성분이 풍부하다.
엽산이 특히 풍부하고, 비타민 A, B 계열, C가 풍부하고, 다른 식물에서는 발견되지 않는 비타민 D가 함유되어 있고, 느타리버섯의 경우 열이 가해지는 요리에도 비타민 D가 남아 있다.

불고기 양념은 미리 만들어 냉장 보관해두면 편리하게 먹을 수 있다.
남은 양념은 냉동보관 하였다가 사용해도 좋다.

간단한 잡채

준비하기(2~3인분)

당면 … 100g
당근 … 30g
부추 … 30g
양파 … 50g
소고기 … 50g

당면 삶는 소스
간장 … 1/2컵
설탕 … 1/2컵
물 … 4컵
식용유 … 1큰술

소고기 양념
간장 … 1큰
설탕 … 1/2큰술
다진 대파 … 1작은술
다진 마늘 … 1/2작은술
후추 … 약간

1 냄비에 당면 삶는 소스를 분량대로 넣고 끓인다. 이때 물이 끓어오르면 당면을 넣고 10~12분 정도 삶는다. 당근과 양파는 채 썰고 부추는 4cm 길이로 자른다.

2 소고기는 채 썰어 분량의 재료를 섞어서 만든 양념에 재운다.

3 2의 소고기를 볶는다.

4 당근과 양파는 소금 한 꼬집을 넣어 볶고, 부추와 3의 소고기를 넣고 한 번 더 볶는다.

5 1의 삶은 당면을 4에 넣고 후추, 깨, 참기름을 넣고 살짝 볶는다.

• **부추**
시력과 피부 건강, 혈관 건강에 특히 도움이 되며, 비타민 A, 제아젠틴, 루테인 등은 시력 향상 및 백내장 예방에 도움이 된다.

맛있는
채소 샐러드

준비하기 (1~2인분)

양상추 ··· 1/6통
치커리 ··· 5잎
쫑상추 ··· 5잎
방울토마토 ··· 3개
라디치오 ··· 2잎

드레싱
매실청 ··· 4큰술
식초 ··· 2큰술
레몬 ··· 1개
올리브 오일 ··· 1큰술

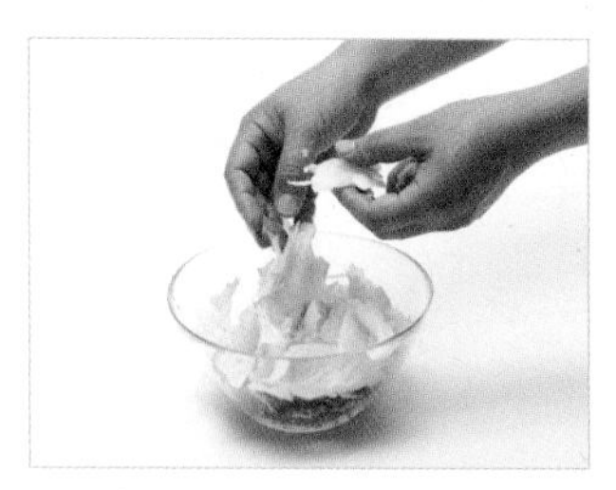

1 방울토마토는 깨끗이 씻어서 절반을 자르고, 양상추와 치커리, 쫑상추와 라디치오는 먹기 좋은 크기로 자른다.

2 매실청과 식초, 올리브 오일을 함께 섞고 레몬즙도 짜 넣어 드레싱을 만든다.

3 그릇에 1의 채소를 담은 후 2의 드레싱을 뿌린다.

• 방울토마토

강력한 항산화제인 라이코펜이 풍부한 대표적인 식품으로, 비타민 A, 비타민 C가 특히 풍부하고 비타민 E, K, B3(니아신), 엽산도 풍부하다.
섬유소가 풍부하며 특히 껍질 부위에 많다. 토마토를 요리할 때 올리브 오일을 사용하거나 약간의 지방과 같이 섭취하면 라이코펜의 흡수를 높일 수 있다.

• 상추와 양상추

상추와 양상추는 섬유소가 풍부하고, 수분 함량이 90~95% 정도로 높은 건강한 재료로, 샐러드로 만들어 먹거나 가볍게 요리해야 수분과 영양소의 손질이 적다.
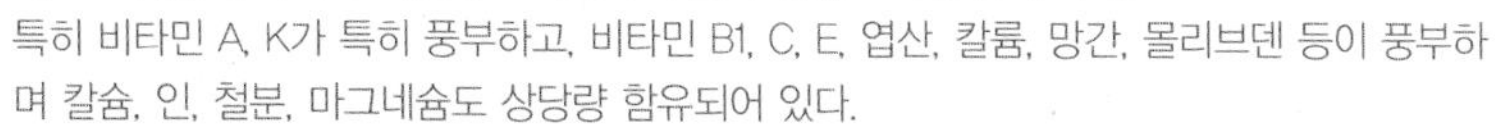
특히 비타민 A, K가 특히 풍부하고, 비타민 B1, C, E, 엽산, 칼륨, 망간, 몰리브덴 등이 풍부하며 칼슘, 인, 철분, 마그네슘도 상당량 함유되어 있다.
양상추는 상추에 비해서 비타민 A, C, 철분, 칼륨, 칼슘 등이 대부분 적다. 그러나 바삭거리는 독특한 식감 때문에 샐러드 재료로 선호하는 경우가 많다.
양상추는 지방간을 예방하고, 인지 기능 향상에 도움이 되는 비타민 B 복합체인 콜린의 함량이 높다.
상추는 색이 짙을수록 영양분이 높고 클로로필의 함량이 높다.

매실청 대신 유자청이나 자몽청을 사용하면 더욱 맛이 좋다.
집에 남은 채소를 활용해서 샐러드를 만들어 먹어도 좋다.

엄마 · 아빠의 정성가득
조림·볶음

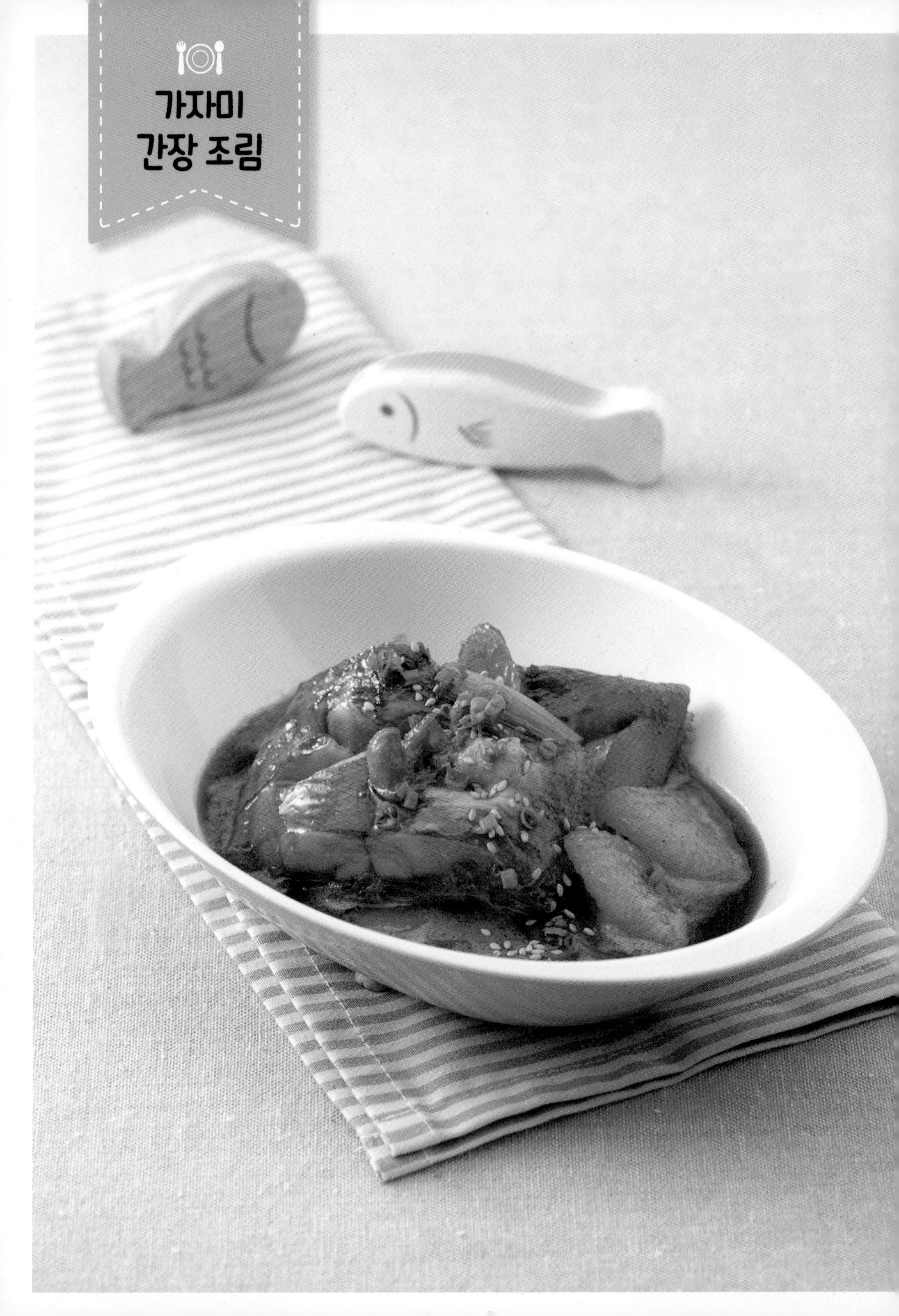
가자미
간장 조림

준비하기 (1~2인분)

가자미 … 1마리
무 … 약간

조림 소스
진간장 … 2큰술
설탕 … 1과1/2큰술
물엿 … 1/2컵
정종 … 1과1/2큰술
마늘 … 1톨
물 … 1컵
생강 … 1/2톨
대파 … 1/2개
건표고버섯 … 1~2개

1 가자미는 내장을 제거하고 깨끗하게 씻어 손질한다.
2 분량의 재료를 섞어 끓여서 조림 소스를 만든다.
3 무는 두께 0.5cm로 한 입 크기로 자른다.
4 2의 소스가 끓으면 1과 3을 넣고 10~15분 동안 중약불로 조린다.

• 가자미
칼로리와 지방 성분은 적으면서 양질의 단백질을 제공하는 재료로, 비타민 B 계열, 마그네슘, 인산이 특히 풍부하다.
하지만 수은이나 독소 노출의 위험이 있는 생선으로, 오메가 3 함량이 다른 생선에 비해서 적은 편이다.

생선을 넣고 조릴 때 너무 오랜 시간을 조리면 생선살이 퍽퍽해진다.
싱싱한 생선을 고를 때는 눈알이 맑고 투명하며, 살을 눌렀을 때 물컹거리지 않고 바로 올라오며 잡내가 없는 것이 좋다.

해물 볶음

준비하기 (1~2인분)

오징어 … 1마리
칵테일 새우 … 10마리
양파 … 1/4개
당근 … 1/6개
대파 … 1/2줄기
청경채 … 1개
굴소스 … 1큰술
올리브 오일 … 1큰술
설탕 … 1/2작은술
물 … 1/4컵
물전분 … 1/2큰술

1 내장을 제거한 오징어는 겉껍질도 벗겨 깨끗하게 손질한 후 먹기 좋은 크기로 자른다. 팬에 기름을 두르고 다진 마늘을 넣고 오징어와 새우를 볶는다.

2 당근, 양파, 청경채, 대파를 넣어 볶고 여기에 굴소스와 설탕을 넣어 간을 맞춘 후 물전분으로 농도를 맞춘다.

3 참기름을 두르고 담는다.

• 오징어

양질의 단백질과 오메가 3 지방산이 포함되어 있으며, 비타민 B2, B12와 같은 비타민, 구리, 인산, 아연, 철분, 셀레늄, 칼슘 등의 미네랄이 풍부하다.

• 새우

새우는 풍부한 단백질이 포함되어 있으나 상대적으로 칼로리가 낮은 건강한 식품이다. 새우에는 비타민 B12, 인산, 콜린, 구리, 요오드, 셀레늄이 풍부해서 면역 기능, 갑상선 기능 향상에 도움이 된다.

해물 볶음을 할 때 해산물의 크기는 아이들이 먹기 좋은 한 입 크기로 잘라서 볶는 것이 좋다. 해물 볶음을 할 때 해산물을 10초 동안 끓는 물에 데친 후 사용하면 더 부드러운 해산물을 즐길 수 있다.
해물 볶음을 밥 위에 올리면 아이들을 위한 영양이 풍부한 덮밥으로 즐길 수도 있다.

스팸
감자 볶음

준비하기 (1~2인분)

스팸 … 1개
감자 … 2개
양파 … 1/4개
당근 … 약간
소금 … 한 꼬집
올리브 오일 … 1작은술

1 양파와 당근은 채 썰고, 스팸은 채로 썰어서 끓는 물에 30초간 데친다.

2 감자는 채 썰어 물에 담가 전분 끼를 뺀다. 이때 물은 2~3번 갈아 주는 게 좋다. 전분 끼가 빠진 감자는 채반에 받쳐 물기를 뺀다.

3 팬에 기름을 두르고 감자를 볶다가 소금으로 밑간을 하고 스팸도 넣어서 볶은 후 양파와 당근을 넣고 1분 더 볶는다.

4 참기름 1작은술을 두르고 그릇에 담은 후 깨소금을 뿌린다.

• 감자

복합당인 전분이 풍부한데, 감자의 전분은 대장에 이르기까지 분해가 잘 되지 않아서 일종의 섬유소와 같은 기능도 한다.

비타민 중에서는 비타민 C, 엽산, B6가 특히 풍부하고 비타민 A, 베타카로틴, 비타민 B1, B2 등도 풍부하다.

스팸은 끓는 물에 30초간 데친 후 채 썰어 사용하면 건강하게 먹을 수 있다.
감자의 전분 끼를 제거하지 않고 바로 볶으면 감자가 서로 엉기고 기름기가 많아진다.

우럭 콩 조림

준비하기 (1~2인분)

우럭 … 1마리
콩 … 1/2컵
대파 … 1/2줄기

조림 소스
진간장 … 3큰술
설탕 … 1큰술
다진 마늘 … 1/2큰술
식용유 … 1/2큰술
물 … 1컵
다진 생강 … 약간

1 우럭은 내장과 비늘을 제거하고 살만 포를 떠서 깨끗하게 손질한다. 콩은 깨끗이 씻어 팬에 한 번 볶는다.

2 분량의 재료를 넣어 조림 소스를 만들고, 냄비에 콩과 생선을 넣고 만들어 둔 조림 소스를 부어 조린다.

• 우럭
양질의 단백질이 포함되어 있고, 두뇌 발달에 도움이 되는 셀레늄, 뼈 건강에 도움이 되는 비타민 D가 풍부하다.
하지만 수은 중독 가능성 때문에 지나치게 많이 먹는 것은 좋지 않다.

고춧가루는 기호에 따라서 넣어서 만든다.

아스파라거스
건새우 볶음

준비하기 (1~2인분)

건새우 … 50g
깨 … 1/2작은술
참기름 … 1작은술
아스파라거스 … 5줄기

양념
고추장 … 1/2큰술
간장 … 1큰술
물엿 … 2/3큰술
설탕 … 2/3큰술
미림 … 1큰술
간 마늘 … 1작은술
식용유 … 1큰술

3

4

1 건새우는 이물질과 꼬리의 뾰족한 부분을 제거하고, 아스파라거스는 껍질을 제거하고 3cm로 자른다.

2 분량의 재료를 섞어서 양념을 만든다.

3 팬에 기름을 두르고 1의 손질한 건새우를 바싹하게 볶고 아스파라거스를 넣어 볶다가 2의 양념을 붓고 빠르게 볶는다.

4 그릇에 담은 후 깨를 뿌린다.

• **아스파라거스**

비타민 A, C, E, K 등이 풍부하고, 엽산, 철분, 구리, 칼슘과 같은 미네랄도 풍부하며 단백질과 섬유소도 풍부한 건강식품이다.
아스파라긴이라는 아미노산은 천연 이뇨제로서 요로 감염의 예방과 치료에 도움이 되며, 다양한 항산화제가 포함되어 있으며 소화기에 가스가 차는 것을 예방하는 데도 도움이 된다.

프라이팬에 양념을 먼저 볶은 후 새우를 넣으면 더욱 바삭한 새우 강정도 만들어 먹을 수 있다.

소고기 오이 볶음

 준비하기 (1~2인분)

오이 … 1개
소고기 … 50g
식용유 … 1큰술
소금 … 1/2작은술

소고기 밑간
간장 … 1/2큰술
설탕 … 1작은술
다진 파 … 1/2큰술
다진 마늘 … 1/2작은술
후추 … 약간

1 오이는 슬라이스 하고 소금 1/2 작은술을 넣어 10분간 절인다.

2 소고기는 분량의 재료를 넣고 밑간한 후 팬에 볶는다.

3 1의 오이는 물기를 짜고 팬에 볶고 2의 볶은 소고기를 넣어 빠르게 볶아서 참기름과 깨소금을 뿌려 그릇에 담는다.

• 오이

알칼리성 식품으로, 비타민 A, C, 엽산, 칼륨, 칼슘, 섬유소가 풍부하며, 망간, 마그네슘, 몰리브덴 등도 충분량 들어있다.
수분 함량이 특히 많고 천연적으로 만들어진 증류수와 유사하기 때문에 일반 물보다 더 좋다. 더운 여름날이나 열이 있을 때 열을 떨어뜨리고 수분을 공급해 주는 효과가 있다.
에렙신이라는 단백 분해 효소가 호흡기 질환의 증상을 완화시키고, 아이에게 생기는 잇몸 질환과 충치 치료에 도움이 된다.

오이는 소금에 절인 후 볶으면 더 아삭한 식감을 즐길 수 있어 아이들이 좋아한나.

메추리알 장조림

 준비하기 (1~2인분)

메추리알 … 30개
꽈리고추 … 5~6개
멸치 다시팩 … 1개
물 … 2컵

장조림 소스
간장 … 1/2컵
설탕 … 1/4컵
통후추 … 1작은술
마늘 … 5개
건고추 … 1~2개
대파 … 1/2개
양파 … 1/2개
생강 … 1톨

1 메추리알은 10분 정도 삶아서 껍질을 제거한다. 냄비에 물 2컵, 장조림 소스 2컵을 붓고 끓이다가 멸치 다시팩과 꽈리고추, 메추리알을 넣고 10~15분간 조린다.

2 그릇에 담은 후 깨를 뿌린다.

• 메추리알
달걀과 마찬가지로 두뇌 발달, 시력 발달, 면역 기능 향상에 도움이 되는 콜린, 비타민 A가 풍부하며 달걀보다 철분, 셀레늄이 더 많다.
달걀과 비교해서 상대적으로 노른자 부위가 많기 때문에 콜레스테롤 함량이 높기 때문에 과량 섭취는 피하는 것이 좋다.

• 꽈리고추
섬유소가 풍부해서 변비, 장 운동, 비만 예방에 도움이 되고, 비타민 B6, C, E가 풍부해서 면역력 향상, 시력, 피부 건강에 도움이 된다.
칼슘이 풍부해서 구강 건강, 뼈 성장, 모발 건강에 도움이 된다.

장조림 소스에 메추리알 대신 알감자를 조리면 맛있는 알감자 조림을 즐길 수 있다.
메추리알은 삶은 후 바로 찬물에 담가두면 껍질을 쉽게 벗길 수 있다.

푸딩 달걀찜

준비하기 (1~2인분)

달걀 … 4개
멸치육수 … 250g
소금 … 1/2작은술
표고버섯 … 1개
당근 … 1/8개
애호박 … 1/5개
미림 … 1큰술

1 볼에 달걀 4개를 깨 넣고 육수와 1:1로 섞어서 소금으로 간한다.

2 표고버섯과 당근, 애호박은 곱게 다져서 1에 넣고 김이 오른 찜솥에 넣어 15분 정도 찐다.

• 표고버섯

8개의 필수 아미노산과 필수 지방산인 리놀렌산이 포함되어 있다. 리놀렌산은 체중 감소, 근육 생성, 소화 기능 향상에 도움이 된다.
대표적인 효능으로는 지방 분해에 도움이 되어서 비만 치료에 도움이 되고, 면역력 향상에 도움이 된다.
또한 손상된 유전자 회복에 효과적이라고 증명되었고, 콜레스테롤 수치를 낮추고 심혈관 기능 개선에 도움이 된다.

간을 소금 대신 새우젓으로 하면 감칠맛을 즐길 수가 있다.

인기만점 튀김 · 전 · 구이

힘찬
연어 스테이크

준비하기 (1~2인분)

연어 ··· 300g
소금 ··· 1/4작은술
올리브 오일 ··· 1큰술
마늘 ··· 1톨
양상추 ··· 1/6통
치커리 ··· 3~5줄기
오이피클 ··· 약간
타르타르소스 ··· 3큰술
후추 ··· 약간

1 연어는 올리브 오일과 소금, 후추, 다진 마늘을 넣고 10분간 마리네이드한다.

2 1의 마리네이드한 연어는 달궈진 팬에 올려서 앞뒤를 노릇하게 굽는다. 이때 연어를 자주 뒤집으면 연어가 부서지기 때문에 1분씩 기다렸다 뒤집으면 좋다.

3 연어가 노릇하게 잘 구워지면 접시에 담은 후 양상추와 치커리를 뜯어서 접시에 올리고 소스를 뿌린다.

• 등푸른 생선

오메가 3 지방산인 ALA는 비교적 낮은 온도의 물에서 사는 참치, 연어, 고등어, 청어, 송어 등의 생선에 풍부하며, 아이의 성장과 망막, 두뇌 발달에 도움이 된다.

연어를 마리네이드할 때 허브를 넣으면 더욱 풍부한 향을 느낄 수 있다.

동글이
완자전

준비하기 (1~2인분)

다진 소고기 … 200g
다진 돼지고기 … 100g
당근 … 1/5개
달걀 … 1개
소금 … 1작은술
다진 마늘 … 1/2큰술
다진 대파 … 1큰술
부추 … 30g
양파 … 1/2개
당근 … 1/5개
감자전분 … 2큰술
식용유 … 약간
후추 … 약간

1 다진 소고기와 돼지고기는 섞고 부추는 0.5cm로 썬다.

2 양파와 당근은 다져서 섞고 볼에 달걀 1개를 넣어 소금으로 밑간을 한 후 1과 2의 재료를 모두 넣고 치댄다. 이때 감자전분 2큰술을 넣어 반죽의 농도를 맞춘다.

3 팬에 식용유를 두르고 반죽을 1큰술 떠서 살짝 눌러 완자 모양을 만들고 노릇하게 앞뒤로 지져서 접시에 담아낸다.

닥터 SAY

• **돼지고기**
성장에 필수적인 필수 아미노산이 모두 포함된 양질의 단백질 공급원으로, 근육량 유지에 도움이 되고 운동 능력 향상에 도움이 된다.
티아민, 니아신, 비타민 B6, B12 등의 비타민과 셀레늄, 아연, 인산, 철분 등 미네랄이 풍부하다.

생선
깻잎 치즈전

준비하기 (1~2인분)

깻잎 … 6장
치즈 … 3장
명태포 … 6장
후추 … 약간
소금 … 약간
달걀 … 2개
밀가루 … 1/2컵

1 깻잎은 깨끗하게 씻어서 채반에 받쳐서 물기를 제거한다. 명태포는 소금과 후추를 뿌려서 밑간을 하고 믹서로 간다.

2 깻잎은 밑 부분을 자르고 밀가루를 묻힌다.

3 깻잎에 1의 명태포, 치즈 순으로 올리고 삼각형이 되도록 모양을 만든다.

4 다시 밀가루를 깻잎에 묻힌 후 달걀 물을 입혀서 팬에 노릇하게 구워서 접시에 담는다.

• 명태

명태에는 비타민 B6, B12, 오메가 3가 풍부해서 콜레스테롤 수치를 감소시키고, 심혈관 건강에 특히 도움이 된다.
오메가 3는 두뇌 발달, 기억력 향상, 학습 능력 향상, 성장 발달에 도움이 되며, 시력, 피부 건강, 모발 건강에도 도움이 된다.

• 깻잎

깻잎은 칼슘이 풍부한 녹색 잎채소로, 구리, 망간, 마그네슘, 철분, 인산, 아연과 같은 미네랄과 비타민 B1, E도 풍부하며 단백질과 섬유소도 포함되어 있다.

소고기
찹쌀전

준비하기 (1~2인분)

소고기 안심 … 100g
찹쌀가루 … 1/2컵

양념
간장 … 1큰술
설탕 … 1/2큰술
다진 마늘 … 1/2작은술
다진 대파 … 1작은술
후추 … 약간

1 소고기 안심은 0.5cm로 자르고 칼등으로 한 번 두들겨서 편다.

2 분량의 재료를 섞어 만든 양념을 1의 소고기 안심에 바른다.

3 2에 찹쌀가루를 묻힌다.

4 팬에 기름을 두르고 3을 노릇하게 구워서 접시에 담는다.

• 소고기
소고기는 닭고기나 생선에 비해서 철분 함량이 높다.
소고기는 어린이의 성장과 에너지 보충에 필수적인 8개의 아미노산을 포함하고 있는 훌륭한 단백질 공급원으로, 미네랄과 비타민이 풍부하다.

2번 조리 과정 이후 밀가루를 묻히고 달걀 물을 입혀 육전으로 지져낼 수 있다.

새콤달콤
탕수육

준비하기 (1~2인분)

소고기 등심 … 250g
식용유 … 5컵
다진 생강 … 1/2작은술
소금 … 1작은술
감자전분 … 1컵
후추 … 약간

탕수육 소스
당근 … 1/4개
오이 … 1/3개
후르츠 칵테일 … 1/3컵
물 … 2/3컵
설탕 … 5와 1/2큰술
환만 식초 … 3과 1/2큰술
진간장 … 2/3큰술

1

4

1 고기는 두께 0.5cm, 길이 4cm로 자른 후 생강즙과 소금, 후추를 뿌려서 마리네이드한다.

2 감자전분은 물과 1:1 비율로 섞어서 풀고 달걀흰자를 넣어 섞는다.

3 튀김 솥에 기름을 붙고 180도가 되도록 기다린 후 1의 고기를 2에 넣어 버무린 후 바삭하게 2~3분씩 두 번 튀긴다.

4 탕수육 소스는 분량의 재료를 넣고 한 번 끓인 후 물전분으로 농도를 맞춘 후 고기와 함께 담는다.

• **소고기**
소고기는 닭고기나 생선에 비해서 철분 함량이 높다.
소고기는 어린이의 성장과 에너지 보충에 필수적인 8개의 아미노산을 포함하고 있는 훌륭한 단백질 공급원으로, 미네랄과 비타민이 풍부하다.

바싹 돈가스

준비하기 (1~2인분)

돼지 등심 … 180g
달걀 … 2개
빵가루 … 2컵
밀가루 … 1/2컵
돈가스 소스 … 60g
마늘 … 1톨
방울토마토 … 3개
양배추 … 2잎
양파 … 100g
간장 … 50g
소금 … 약간
후추 … 약간

1 등심은 두께 0.5cm로 세 등분(약 60g 기준)으로 잘라서 칼이나 망치로 두드린다.

2 마늘과 양파, 후추, 간장을 섞어 양념을 만들고 1의 고기를 버무린 후 2시간 동안 재운다.

3 2의 고기에 밀가루와 달걀 물, 빵가루 순으로 튀김옷을 입힌다.

4 180도의 기름에 3의 돈가스를 넣고 3분 정도 튀기다가 뒤집어서 2분 정도 더 튀긴다. 채 썬 양배추와 함께 그릇에 담아서 소스를 뿌려 낸다.

• 돼지고기

성장에 필수적인 필수 아미노산이 모두 포함된 양질의 단백질 공급원으로, 근육량 유지에 도움이 되고 운동 능력 향상에 도움이 된다.
티아민, 니아신, 비타민 B6, B12 등의 비타민과 셀레늄, 아연, 인산, 철분 등 미네랄이 풍부하다.

생선
치즈 가스

준비하기 (1~2인분)

동태살 … 200g
달걀 … 2개
빵가루 … 2컵
밀가루 … 1/2컵
돈가스 소스 … 60g
치즈 … 2~3장
깻잎 … 4장
소금 … 한 꼬집
후추 … 약간

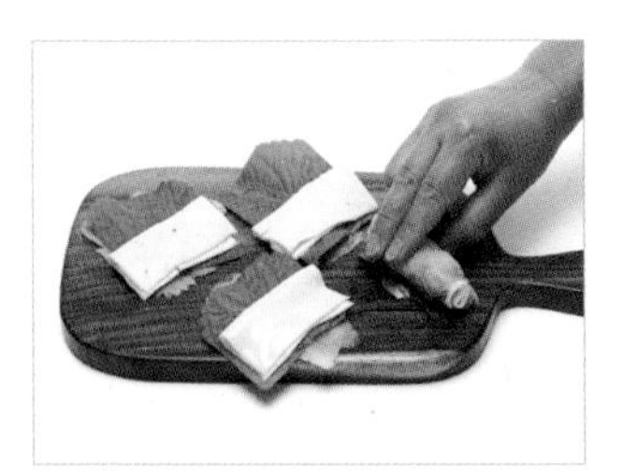

1 동태살은 두께 0.3cm로 넓게 편 후 소금과 후추로 밑간을 한다. 재워둔 생선에 밀가루를 입히고 생선 속에 깻잎과 치즈 순으로 넣고 만다.

2 달걀 물, 빵가루 순으로 튀김옷을 입힌다.

3 180도의 기름에 2를 넣고 3~4분 정도 튀긴다.

• 명태

명태에는 비타민 B6, B12, 오메가 3가 풍부해서 콜레스테롤 수치를 감소시키고, 심혈관 건강에 특히 도움이 된다.
오메가 3는 두뇌 발달, 기억력 향상, 학습능력 향상, 성장 발달에 도움이 되며, 시력, 피부 건강, 모발 건강에도 도움이 된다.

카레 두부
스테이크

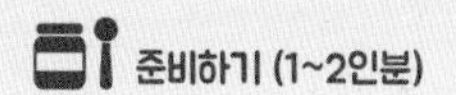
준비하기 (1~2인분)

두부 … 1모
카레 … 1/3컵
소금 … 1작은술
후추 … 약간

1 두부는 두께 1cm로 자르고 키친타올로 물기를 뺀 후 소금과 후추를 뿌려 밑간을 한다.

2 1의 두부에 카레 가루를 골고루 묻힌다.

3 기름을 두른 팬에 노릇하게 지진다.

• 두부

두부는 8개의 필수 아미노산이 포함된 훌륭한 단백질 공급원이자 철분, 칼슘, 마그네슘, 셀레늄, 인산, 구리, 아연, 비타민 B1 등 다양한 영양분이 포함된 건강식품이다.

• 카레

면역 기능 향상과 뼈 건강 향상에 도움이 되며, 세균성 감염의 위험을 감소시키고 소화 기능 향상에도 도움이 된다.
또한 류마티스 관절염에서의 통증 경감, 심혈관 질환과 알츠하이머병 예방에도 도움이 된다.

두부는 용기에 새로운 물을 받아 5분 정도 담가 두었다가 사용하면 좋다.

고소한 채소 튀김

준비하기 (1~2인분)

가지 … 1/2개
단호박 … 1/4개
고구마 … 1개
아스파라거스 … 3개
양파 … 1/2개
소금 … 1작은술

튀김 반죽
달걀 … 1개
박력분 … 1컵
물 … 1컵

1 가지는 부챗살 모양으로 자르고 단호박과 고구마는 1.5cm로 자른다. 양파는 모양이 흐트러지지 않게 꼬치를 끼우고 아스파라거스는 겉껍질을 제거한다.

2 달걀노른자와 물 1컵을 섞어 체에 거른 후 밀가루(박력분)와 물을 넣어 섞는다.

3 가지, 단호박, 고구마, 아스파라거스, 양파에 밀가루를 묻힌다.

4 3에 2의 반죽을 묻힌 후 180도의 기름에 3~4분 정도 튀긴다.

• 아스파라거스

비타민 A, C, E, K 등이 풍부하고, 엽산, 철분, 구리, 칼슘과 같은 미네랄도 풍부하며 단백질과 섬유소도 풍부한 건강식품이다.

아스파라긴이라는 아미노산은 천연 이뇨제로서 요로 감염의 예방과 치료에 도움이 되며, 다양한 항산화제가 포함되어 있으며 소화기에 가스가 차는 것을 예방하는 데도 도움이 된다.

새우전

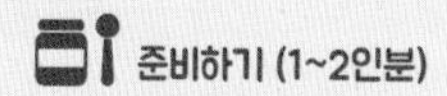

새우 … 8마리
달걀 … 2개
밀가루 … 2큰술
올리브 오일 … 1/2큰술

새우 밑간
소금 … 1작은술
후추 … 약간
참기름 … 1작은술

1 새우는 머리와 내장을 제거하고 소금물에 깨끗하게 씻은 후 밑간을 한다.

2 손질된 새우는 배 쪽에 칼집을 넣어 넓게 펼쳐 새우 살에 밀가루를 묻힌다.

3 2의 새우에 달걀 물을 입혀서 지진다.

• 새우
새우는 풍부한 단백질이 포함되어 있으나 상대적으로 칼로리가 낮은 건강한 식품이다. 새우에는 비타민 B12, 인산, 콜린, 구리, 요오드, 셀레늄이 풍부해서 면역 기능, 갑상선 기능 향상에 도움이 된다.

새우전을 할 때 파기름을 사용하면 향과 맛이 더욱 좋아진다.

노란
옥수수 전

준비하기 (1~2인분)

캔 옥수수 … 200g
다진 청피망 … 1큰술
다진 홍피망 … 1큰술
찹쌀가루 … 1/2컵
소금 … 한 꼬집
우유 … 3큰술
설탕 … 1/2큰술

1 캔 옥수수는 체에 밭친 후 물기를 빼고 청 · 홍피망은 곱게 다진다.

2 1의 옥수수에 찹쌀가루와 소금, 설탕, 우유를 넣고 반죽하여 한 입 크기로 떠서 노릇하게 굽는다.

• **옥수수**

단백질과 탄수화물이 적당히 포함되어 있어서 에너지 보충에 적절하다. 비타민 중에서는 엽산, 티아민(비타민 B1), 비타민 C가, 미네랄 중에서는 칼륨, 인, 망간 등이 풍부하며 섬유소도 풍부하다.

• **피망(파프리카)**

비타민 C, A가 특히 풍부하고, 미네랄 중에는 칼슘, 인, 철분, 마그네슘, 몰리브덴, 칼륨, 망간, 코발트, 아연 등이 풍부하다.
빨간색 파프리카가 상대적으로 영양분이 많다. 그렇다고 빨간색만 골라야 하는 것은 아니다. 색깔별로 더 많이 포함된 식물성 영양소가 다르고, 노란색은 비타민 C가 좀 더 많고, 초록색은 섬유소가 풍부하며, 몰리브덴, 망간, 엽산 비타민 K 등이 풍부하다.
색깔이 짙을수록 항산화제의 농도가 높고, 색깔별로 포함된 식물성 영양소는 다르다.
노란색은 시력과 주로 연관된 루테인과 제아잔틴이 풍부하고, 빨간색은 항암 효과로 유명한 라이코펜과 아스타젠틴이 있고, 오렌지색은 흡연자들의 폐암 발생을 막아주는 대표적인 항산화제인 카로틴이 함유되어 있으며, 보라색은 안토시아닌이 풍부하다.

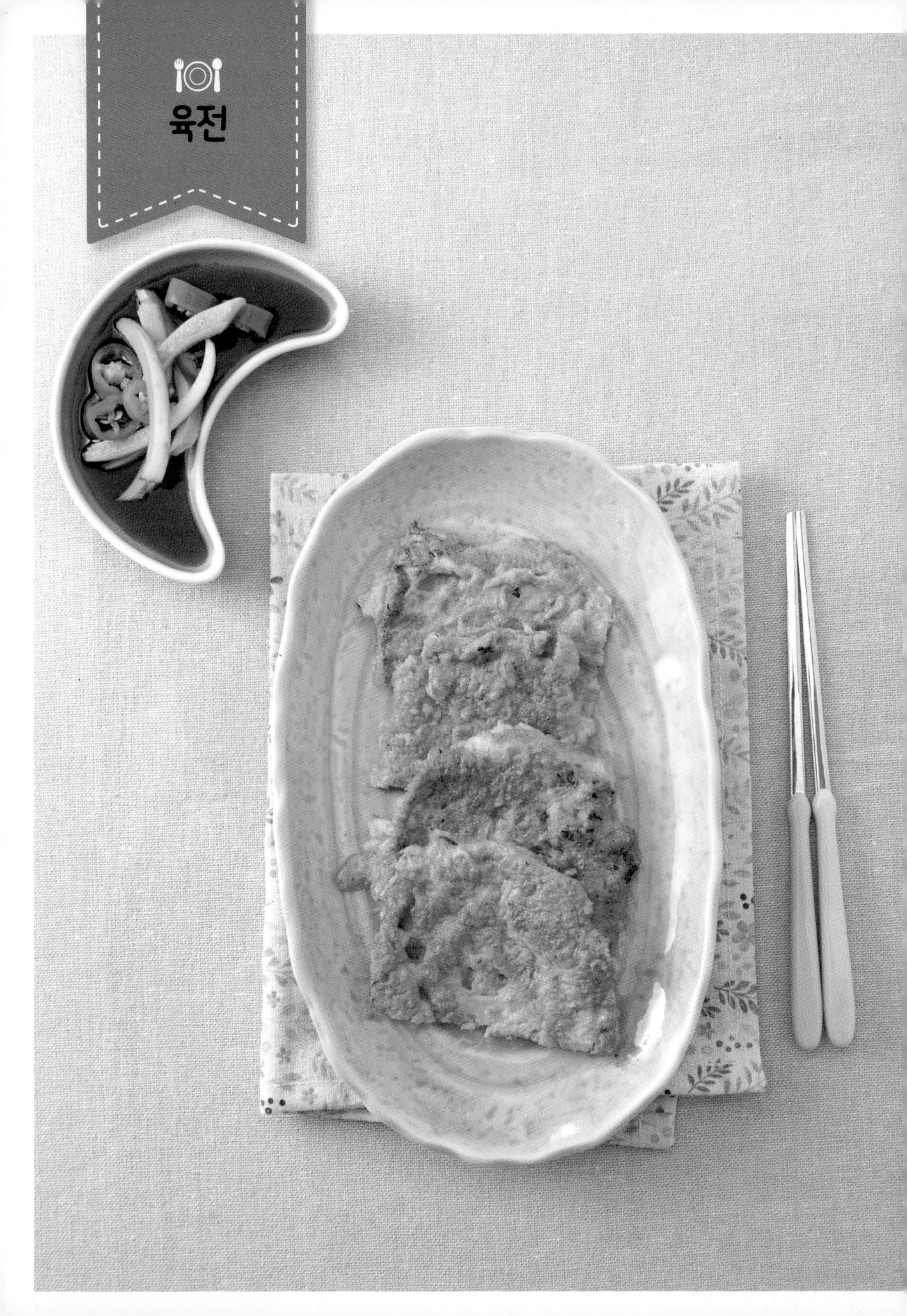
육전

준비하기 (1~2인분)

우둔살 … 8장
소금 … 1작은술
후추 … 약간
달걀 … 2개
밀가루 … 1/2컵
파기름 … 1/2큰술
참기름 … 1작은술

1 우둔살은 두께 0.2cm로 썰어서 칼집을 낸다. 소금과 후추, 파기름, 참기름으로 1의 우둔살에 밑간을 한다.

2 1에 밀가루, 달걀 물 순으로 묻힌 후 앞뒤로 노릇하게 지진 후 그릇에 담는다.

• 소고기

소고기는 닭고기나 생선에 비해서 철분 함량이 높다.
소고기는 어린이의 성장과 에너지 보충에 필수적인 8개의 아미노산을 포함하고 있는 훌륭한 단백질 공급원으로, 미네랄과 비타민이 풍부하다.

오징어 튀김

준비하기 (1~2인분)

오징어 … 1마리
박력분 … 1/2컵
튀김가루 … 1/2컵
빵가루 … 1/2컵
달걀 … 1개
물 … 1과 1/3컵
감자전분 … 1/2컵
얼음 … 3개
소금 … 한 꼬집
후추 … 약간

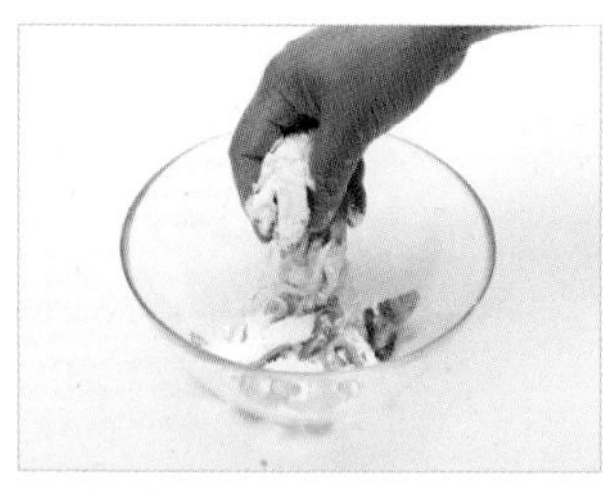

1 내장을 제거한 오징어에 밀가루를 1큰술 뿌려 버무린 후 깨끗하게 씻는다. 오징어는 두께 0.5cm의 링 모양으로 썰어서 감자전분을 묻힌다.

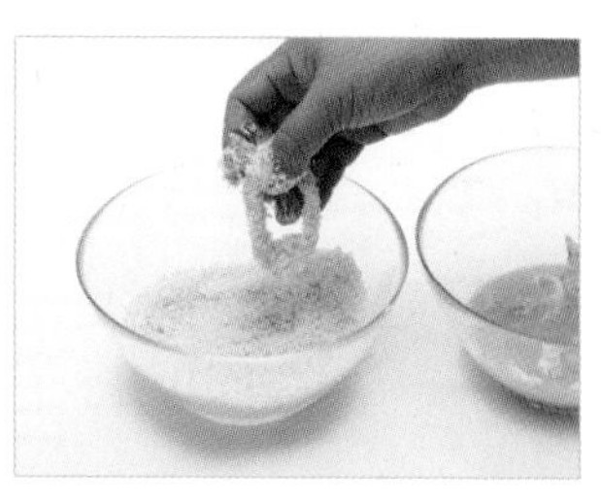

2 달걀 물, 빵가루 순으로 튀김옷을 입힌다.

3 2의 오징어를 180도의 기름에 3~4분 정도 바싹하게 튀긴다.

• **오징어**

양질의 단백질과 오메가 3 지방산이 포함되어 있으며, 비타민 B2, B12와 같은 비타민, 구리, 인산, 아연, 철분, 셀레늄, 칼슘 등의 미네랄이 풍부하다.

오징어 튀김은 빵가루를 묻힌 후 10분 정도 지난 후 튀기면 빵가루가 촉촉하여 타지 않고 바삭하게 튀길 수 있다.

눈꽃 만두

준비하기 (1~2인분)

만두 … 8개
밀가루 … 2큰술
물 … 8큰술
올리브 오일 … 10큰술
간장 … 3큰술
식초 … 1/2큰술

1 팬에 기름을 두르고 만두를 노릇하게 굽는다.

2 밀가루와 물, 올리브 오일을 섞은 반죽을 팬에 한 국자 양만큼 붓고 여러 번 저어가며 기포가 사라질 때까지 굽는다.

3 1의 만두를 올려서 한 번 더 굽는다.

• 부추
시력과 피부 건강, 혈관 건강에 특히 도움이 되며, 비타민 A, 제아젠틴, 루테인 등은 시력 향상 및 백내장 예방에 도움이 된다.

• 올리브 오일
올리브 오일은 변비 증상 개선에 도움이 된다.

견과류 닭강정

준비하기 (1~2인분)

닭다리 살 … 1팩
튀김가루 … 1컵
물 … 1컵
소금 … 1작은술
후추 … 약간

소스

설탕 … 1/2컵
물엿 … 1/2컵
간장 … 1/2컵
물 … 1/2컵
고추장 … 1/2컵
다진 마늘 … 3개
양파 … 1/4개
배 … 1/4개

1 닭다리 살은 깨끗하게 손질하여 마늘 1작은술, 소금 1작은술, 후추로 밑간을 한다.

2 튀김가루와 차가운 물을 섞어 튀김반죽을 만들고 1을 넣어 튀김옷을 입혀 180도의 기름에 두 번 튀긴다.

3 분량의 소스 재료를 넣고 끓여서 만든다. 이때 양파와 배는 갈아서 넣는다.

4 3의 소스가 완성이 되면 2의 닭튀김을 넣고 소스에 버무려 접시에 담은 후 견과류를 뿌린다.

• **견과류**

견과류에는 섬유소가 풍부해서 소화 기능, 장 건강에 도움이 되며, 건강한 지방산인 오메가 3, 오메가 6 등 불포화지방이 풍부해서 두뇌 발달과 심혈관 대사 질환 예방에 도움이 된다.

견과류 닭강정 소스는 미리 만들어 두었다가 코다리 강정, 새우 강정에 이용해도 좋다.

새우
마요네즈

준비하기 (1~2인분)

새우(중하) … 10마리
물전분 … 1컵
달걀 … 1개
소금 … 약간
후추 … 약간

소스

마요네즈 … 4큰술
설탕 … 1큰술
생크림 … 1/2큰술
레몬즙 … 1작은술

1 새우는 두 번째 마디에 이쑤시개를 꽂아서 내장을 제거하고 소금과 후추로 밑간을 한다.

2 전분은 물과 1:1로 섞어 가만히 두면 윗물은 버리고 가라 앉은 것만 사용한다.

3 2의 물전분과 달걀흰자를 10:1 비율로 섞고 1의 새우를 버무려 160~180도의 기름에 바삭하게 튀긴다.

4 분량의 소스 재료를 섞고 3의 튀긴 새우를 버무려 접시에 담는다.

• 새우

새우는 풍부한 단백질이 포함되어 있으나 상대적으로 칼로리가 낮은 건강한 식품이다. 새우에는 비타민 B12, 인산, 콜린, 구리, 요오드, 셀레늄이 풍부해서 면역 기능, 갑상선 기능 향상에 도움이 된다.

• 마요네즈

달걀노른자, 식용유, 식초, 레몬즙 등의 주성분으로 만든 소스로, 마요네즈에 포함된 비타민 E 성분이 뇌졸중 예방에 도움이 된다는 연구 결과가 있다.

해물 완자전

준비하기 (1~2인분)

오징어 … 1마리
칵테일 새우 … 10마리
부추 … 10g
양파 … 2큰술
다진 마늘 … 1/2작은술
다진 대파 … 1큰술
소금 … 한 꼬집
후추 … 약간

1 내장을 제거한 오징어는 껍질을 벗겨서 깨끗하게 씻고, 칵테일 새우와 함께 다진다.

2 부추는 깨끗이 손질하여 0.5cm로 자르고 양파는 곱게 다진다.

3 1과 2를 볼에 담아 소금 한 꼬집과 후추로 밑간을 한다.

4 팬에 기름을 두르고 한 입 크기의 전을 지진다.

• 오징어

양질의 단백질과 오메가 3 지방산이 포함되어 있으며, 비타민 B2, B12와 같은 비타민, 구리, 인산, 아연, 철분, 셀레늄, 칼슘 등의 미네랄이 풍부하다.

• 새우

새우는 풍부한 단백질이 포함되어 있으나 상대적으로 칼로리가 낮은 건강한 식품이다.
새우에는 비타민 B12, 인산, 콜린, 구리, 요오드, 셀레늄이 풍부해서 면역 기능, 갑상선 기능 향상에 도움이 된다.

바싹한 감자채 전

감자 … 2개
감자전분 … 3큰술
소금 … 1작은술
설탕 … 약간

1 감자는 곱게 채를 썰어서 찬물에 담가둔다.

2 1의 감자를 건져 물기를 제거하고 감자전분과 소금, 설탕을 함께 버무린다.

3 팬에 기름을 넉넉히 두른 후 튀기는 형태로 감자를 흩어 뿌리는 듯 지진다.

• **감자**

복합당인 전분이 풍부한데, 감자의 전분은 대장에 이르기까지 분해가 잘 되지 않아서 일종의 섬유소와 같은 기능도 한다.
비타민 중에서는 비타민 C, 엽산, B6가 특히 풍부하고 비타민 A, 베타카로틴, 비타민 B1, B2 등도 풍부하다.

깐풍기

준비하기 (1~2인분)

닭다리 살 … 160g
달걀흰자 … 1개
불린 전분 … 1컵
후추 … 약간
소금 … 약간

소스
고추기름 … 1큰술
설탕 … 2큰술
식초 … 2큰술
물 … 2큰술
진간장 … 2큰술
다진 마늘 … 1작은술
청고추 … 1/2개
홍고추 … 1/2개
부추 … 10g

1 닭다리 살은 기름기를 제거하고 후추와 소금으로 밑간을 한다. 밑간한 닭다리 살은 불린 전분과 달걀흰자를 넣어 버무린다.

2 180도의 기름에 1의 닭다리 살을 튀긴다.

3 다른 팬에 고추기름 1큰술을 팬에 두르고 다진 마늘과 청 · 홍고추, 부추를 넣고 볶는다.

4 2의 닭다리 살을 3의 소스에 넣어 버무린다.

• 닭고기

탄수화물은 없고, 지방과 칼로리는 적으면서 단백질과 비타민, 미네랄은 풍부한 9개의 필수 아미노산이 포함된 양질의 단백질이다.

에너지 생성과 유지에 필수적인 비타민 B군이 중에서 특히 비타민 B6가 풍부한데, 비타민 B6는 단백질 대사와 면역력 향상, 두뇌 기능 향상에 도움이 된다.

미네랄 중에는 인산과 셀레늄이 특히 풍부하며, 인산은 뼈, 치아 건강에 필수적이며 셀레늄은 면역기능 향상과 갑상선 기능 향상에 도움이 된다.

불린 전분이란 물과 1:1로 섞어 전분을 풀고 시간을 두어 가라앉힌 후 윗물은 따라 버리고 남은 전분을 말한다.

된장 닭구이

 준비하기 (3~4인분)

닭다리 살 … 1팩
된장 … 1/2컵
설탕 … 4큰술
미림 … 2큰술
정종 … 2큰술
대파 … 1개

1 닭다리 살은 기름기를 깨끗하게 제거한다.

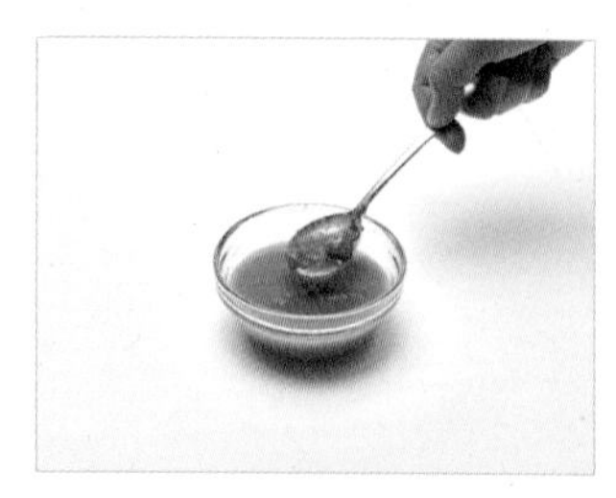

2 된장과 설탕, 미림, 정종을 볼에 담고 대파는 0.5cm로 썰어서 섞는다.

3 2의 소스에 1의 손질된 닭다리 살을 넣고 하루 동안 재운다.

4 팬에 기름을 두르고 3의 닭다리 살을 중불에서 구워서 접시에 담는다.

• **닭고기**

탄수화물은 없고, 지방과 칼로리는 적으면서 단백질과 비타민, 미네랄은 풍부한 9개의 필수 아미노산이 포함된 양질의 단백질이다.
에너지 생성과 유지에 필수적인 비타민 B군이 중에서 특히 비타민 B6가 풍부한데, 비타민 B6는 단백질 대사와 면역력 향상, 두뇌 기능 향상에 도움이 된다.
미네랄 중에는 인산과 셀레늄이 특히 풍부하며, 인산은 뼈, 치아 건강에 필수적이며 셀레늄은 면역기능 향상과 갑상선 기능 향상에 도움이 된다.

된장 양념으로 양념한 닭구이는 불에서 잘 타기 때문에 불 조절에 유의한다.

양념
LA갈비 구이

 준비하기 (1~2인분)

목살 … 600g

양념

간장 … 6큰술
물 … 1과1/2컵
설탕 … 3큰술
미림 … 2큰술
정종 … 1큰술
다진 마늘 … 2큰술
참기름 … 1큰술
식용유 … 1/2큰술
간 생강 … 1/2큰술
깨 … 1큰술
후추 … 약간
양파 … 1/4개
배 … 1/4개
매실청 … 1큰술

1 목살은 두께 0.5cm로 썰어서 칼집을 넣는다.

2 분량의 양념 재료를 모두 섞고, 배와 양파는 믹서에 갈아서 섞어 준 후 1의 목살에 양념을 붓고 버무려 재운다. 하루 정도 숙성시켜서 팬에 굽는다.

• 돼지고기

성장에 필수적인 필수 아미노산이 모두 포함된 양질의 단백질 공급원으로, 근육량 유지에 도움이 되고 운동 능력 향상에 도움이 된다.
티아민, 니아신, 비타민 B6, B12 등의 비타민과 셀레늄, 아연, 인산, 철분 등 미네랄이 풍부하다.

LA갈비에 칼집을 넣고 양념을 재우면 더 부드러운 고기로 즐길 수 있다.

카레 갈치 구이

준비하기 (1~2인분)

갈치 … 3토막
소금 … 1작은술
밀가루 … 3큰술
카레 … 3큰술

1 갈치는 내장과 지느러미를 제거하고 7~8cm로 토막을 낸다. 밀가루와 카레 가루를 1:1로 섞는다.

2 1의 갈치는 소금을 약간 뿌린 후 카레 가루를 묻혀 후 팬에 기름을 두르고 노릇하게 굽는다.

• 갈치

뼈 성장에 도움이 되는 칼슘이 특히 풍부하고, 양질의 단백질과 오메가 3 지방도 포함되어 있다.
인산, 철분, 요오드, 비타민 A, B1, C 도 비교적 풍부하다.

• 카레

면역 기능 향상과 뼈 건강 향상에 도움이 되며, 세균성 감염의 위험을 감소시키고 소화 기능 향상에도 도움이 된다.
또한 류마티스 관절염에서의 통증 경감, 심혈관 질환과 알츠하이머병 예방에도 도움이 된다.

미니 떡갈비

준비하기 (1~2인분)

다진 소고기 … 300g

양념
진간장 … 3큰술
설탕 … 2큰술
양파 … 1/4개
다진 대파 … 2큰술
다진 마늘 … 1작은술
후추 … 약간
생강즙 … 1/2작은술

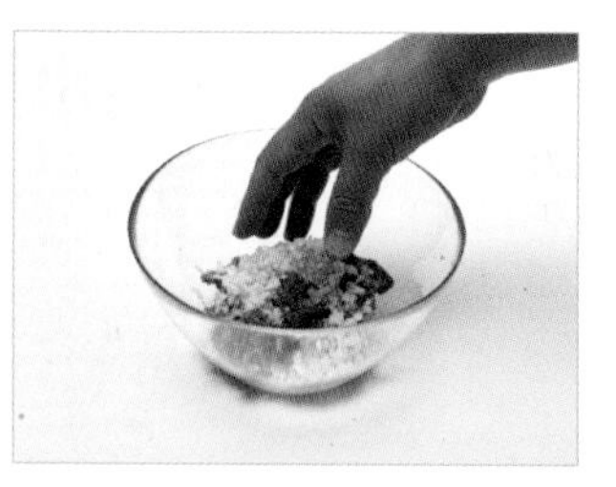
1 분량의 재료를 모두 섞어 양념을 만들고 다진 소고기에 붓는다.

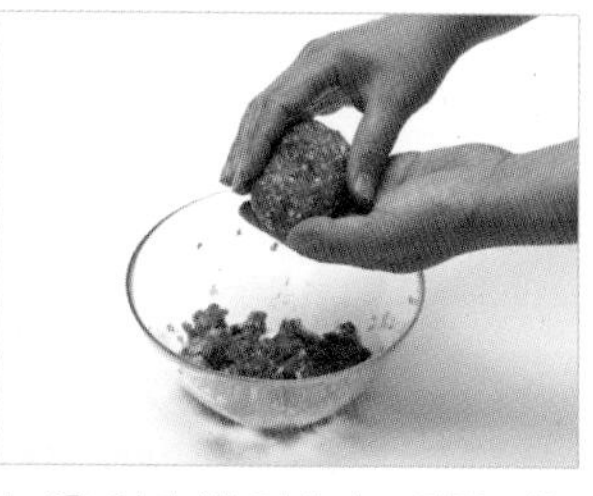
2 1을 여러 번 치대어 모양을 잡는다. 팬에 구워 접시에 담고 잣가루를 뿌린다.

• 소고기
소고기는 닭고기나 생선에 비해서 철분 함량이 높다.
소고기는 어린이의 성장과 에너지 보충에 필수적인 8개의 아미노산을 포함하고 있는 훌륭한 단백질 공급원으로, 미네랄과 비타민이 풍부하다.

미니 떡갈비를 햄버거 패티로 사용하면 새로운 맛을 즐길 수 있다.

부드러운
안심 스테이크

준비하기 (1~2인분)

안심 … 160g
버터 … 10g
허브솔트 … 1큰술
올리브 오일 … 1큰술
양파 … 1/4개
새송이버섯 … 1개
실파 … 2줄기
씨겨자 … 1큰술
후추 … 약간

1

2

1 안심에 허브솔트를 골고루 뿌리고 올리브 오일을 바른다.

2 달궈진 팬에 기름을 두르고 안심을 올려 양면을 1분씩 굽는다.

3 안심의 옆면도 10초씩 굽고 고기를 한 번 식힌 후 다시 한 번 버터에 구워서 고소한 맛을 낸다.

4 양파와 버섯을 살짝 볶아서 함께 곁들인다.

• 소고기

소고기는 닭고기나 생선에 비해서 철분 함량이 높다.
소고기는 어린이의 성장과 에너지 보충에 필수적인 8개의 아미노산을 포함하고 있는 훌륭한 단백질 공급원으로, 미네랄과 비타민이 풍부하다.

• 버섯

채소 중에서 육류에 가까운 영양조성을 가지고 있어서 다른 채소들에 비해서 단백질, 탄수화물, 지방의 비율이 높다.
수분 함량이 높고, 단백질을 구성하는 아미노산 중에서 필수 아미노산의 함량이 높다.
지방은 건강에 유익한 불포화지방의 비율이 80%에 달하며, 면역 기능을 향상시키고 강력한 항산화제 성분과 위암 예방과 연관된 성분이 풍부하다.
엽산이 특히 풍부하고, 비타민 A, B 계열, C가 풍부하다. 다른 식물에서는 발견되지 않는 비타민 D가 함유되어 있고, 느타리버섯의 경우 열이 가해지는 요리에도 비타민 D가 남아 있다.

등갈비 구이

준비하기 (1~2인분)

등갈비 … 6쪽

양념

간장 … 6큰술
물 … 1과 1/2컵
설탕 … 3큰술
미림 … 2큰술
정종 … 1큰술
다진 마늘 … 2큰술
참기름 … 1큰술
식용유 … 1/2큰술
간 생강 … 1/2큰술
깨 … 1큰술
양파 … 1/4개
배 … 1/4개
매실청 … 1큰술
후추 … 약간

1 등갈비는 기름기를 제거하고 2~3시간 정도 찬물에 담가서 핏물을 빼준다.

2 분량의 재료를 모두 넣어 섞고 양파와 배는 갈아서 넣는다. 1의 갈비를 양념에 하루 정도 재운 후 팬에 기름을 두르고 굽는다.

• 돼지고기

성장에 필수적인 필수 아미노산이 모두 포함된 양질의 단백질 공급원으로, 근육량 유지에 도움이 되고 운동 능력 향상에 도움이 된다.
티아민, 니아신, 비타민 B6, B12 등의 비타민과 셀레늄, 아연, 인산, 철분 등 미네랄이 풍부하다.

양념에 재운 등갈비는 아이들과 함께 캠핑 요리로 즐겨도 좋다.

아이 입맛을 살리는
국 · 찌개 · 면

참치
김치찌개

준비하기 (3~4인분)

쉰 김치 … 1/4포기
참치 캔 … 1캔
양파 … 1/4개
두부 … 1/2모
대파 … 1/2개
설탕 … 1작은술
소금 … 1작은술
멸치 다시팩 … 1팩

1 냄비에 물 8컵을 붓고 멸치 다시팩을 넣고 10분간 끓여 육수를 낸다.

2 양파는 두껍게 채 썰고, 대파는 0.3cm로 어슷 썰고, 참치와 김치를 준비한다.

3 냄비에 기름을 두르고 2cm로 자른 김치는 5분간 볶고 참치를 넣고 한 번 더 볶은 후 1의 육수 6컵을 붓고 끓인다.

4 2의 양파와 대파를 3의 냄비에 넣고 한 번 더 끓인다.

5 마지막 소금으로 간하고 두부는 1/2모를 먹기 좋게 잘라서 김치찌개에 올린다.

• **참치**

양질의 단백질과 오메가 3 지방이 풍부하며, 오메가 3 지방은 두뇌 발달, 성장, 면역 기능 향상에 도움이 된다.
셀레늄, 인산, 철분, 마그네슘이 풍부하고, 비타민B12, B6, 니아신, 리보플라빈과 같은 비타민도 비교적 풍부하다.
하지만 수은 함량과 독소가 높을 수 있는 상위 포식자 생선으로 단기간의 과량 섭취는 주의한다.

쉰 김치가 없을 때는 김치찌개에 식초를 약간 넣고 끓이면 쉰 김치와 비슷한 맛을 낼 수 있다. 단, 너무 많이 넣지 않도록 주의한다.

소고기 미역국

준비하기 (1~2인분)

양지 ··· 140g
건미역 ··· 15g
국간장 ··· 2큰술
소금 ··· 1/2작은술
참기름 ··· 1큰술
다진 마늘 ··· 1작은술
후추 ··· 약간

1 미역은 물에 불려 잘게 자르고, 양지는 길이 1cm, 두께 0.5cm 크기로 먹기 좋게 썬다. 냄비에 참기름을 두르고 고기와 미역을 3분간 볶고 국간장 2큰술을 넣고 볶는다.

2 물 6컵을 붓고 끓인 후 소금으로 마지막 간을 하고 그릇에 담아준다.

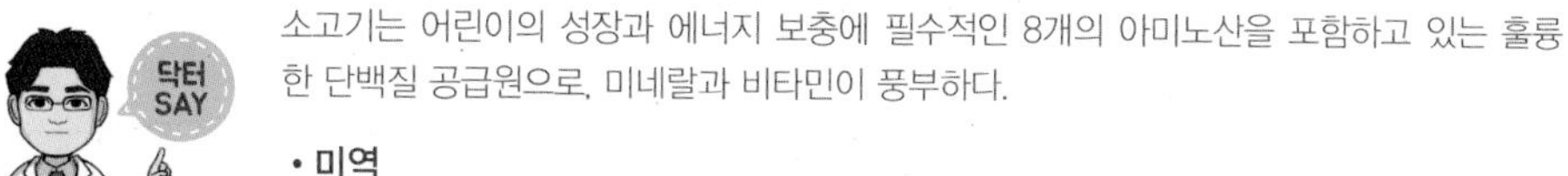

• 소고기

소고기는 닭고기나 생선에 비해서 철분 함량이 높다.
소고기는 어린이의 성장과 에너지 보충에 필수적인 8개의 아미노산을 포함하고 있는 훌륭한 단백질 공급원으로, 미네랄과 비타민이 풍부하다.

• 미역

오메가 3 지방이 특히 풍부하고, 칼슘, 요오드, 비타민 B 계열, 철분, 마그네슘의 함량도 높다.

미역국 간을 보고 액젓을 첨가해도 맛있다.

근대 토장국

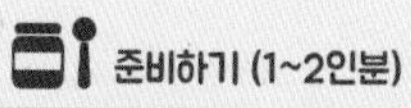

준비하기 (1~2인분)

근대 … 150g
물 … 6컵
멸치 다시팩 … 1팩
두부 … 1/2모
된장 … 2큰술
대파 … 1줄기

1 깨끗하게 씻은 근대는 먹기 좋게 자르고, 물 6컵에 멸치 다시팩을 넣어서 7~8분간 끓여서 육수를 만든다.

2 육수 5컵에 된장 2큰술을 풀고 손질한 근대와 두부를 넣어 끓인다.

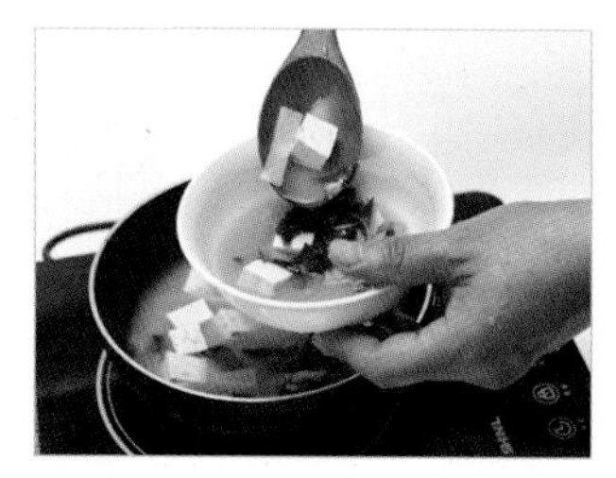

3 5분 정도 끓이고 여기에 다진 마늘을 넣고 마지막 간을 맞춘다.

• 근대

비타민 A, C, K, B6, 철분이 특히 풍부한 녹색 잎채소로, 시력 발달에 도움이 되는 베타카로틴, 루테인, 제아젠틴이 포함되어 있다.

근대는 줄기부터 넣고 끓여야 질기지 않게 먹을 수 있다.

들깨 순두부탕

준비하기 (1~2인분)

순두부 … 1팩
멸치 육수 … 2컵
쌀가루 … 1큰술
국간장 … 1/2큰술
팽이버섯 … 1/2봉지
애느타리버섯 … 반줌
표고버섯 … 2개
들깨가루 … 4큰술
대파 … 1/2개
소금 … 1/4작은술

1 냄비에 물 6컵을 붓고 멸치 다시마 팩을 넣고 7~8분간 끓여서 멸치 육수를 만든다. 순두부 1팩은 체에 밭쳐 물기를 제거하고 팽이버섯은 밑동을 자르고 애느타리버섯은 손으로 찢어 준비한다. 표고버섯은 슬라이스 하고 대파는 2cm 크기로 절반을 자른다.

2 냄비에 멸치육수 2컵을 붓고 들깨가루 4큰술을 넣고 1의 순두부와 버섯, 채소를 넣어 끓이고 국간장으로 간을 맞춘다.

3 2에 쌀가루를 풀어서 농도를 맞춘다.

• **들깨**
들깨는 건강에 유익한 지방인 다불포화지방의 좋은 공급원으로 특히 오메가 3, 오메가 6, 오메가 9의 지방이 균형 있게 골고루 포함되어 있어서 심혈관 질환이나 염증성 질환의 예방에 도움이 된다.

순두부 대신 수제비를 넣어 들깨 수제비탕으로도 즐길 수 있다.

황태 순두부탕

준비하기 (1~2인분)

황태포 … 1/2컵
무 … 70g
다진 마늘 … 1큰술
들기름 … 1큰술
멸치액젓 … 1큰술
멸치 육수 … 6컵
순두부 … 1봉
새우젓 … 1큰술
후추 … 약간
대파 … 1줄기

1 무는 사방 2cm로 깍둑 썰고 황태포는 1cm로 잘라 다진 마늘과 들기름을 넣고 무친 후 무와 함께 볶는다.

2 멸치 육수를 붓고 5분간 끓인다. 이때 대파와 멸치액젓, 새우젓을 넣고 간을 맞춘다.

3 2의 냄비에 순두부를 넣고 한 번 더 끓인다.

• **황태**

비타민 B6, B12, 오메가 3가 풍부해서 콜레스테롤 수치를 감소시키고, 심혈관 건강에 특히 도움이 된다.
오메가 3는 두뇌 발달, 기억력 향상, 학습 능력 향상, 성장 발달에 도움이 되며, 시력, 피부 건강, 모발 건강에도 도움이 된다.

황태는 황금빛이 돌고 살이 연하며 잡내가 없는 것이 좋다.

바지락 탕면

준비하기 (1~2인분)

칼국수 면 … 160g
바지락 … 20개
멸치 다시팩 … 1개
애호박 … 1/2개
당근 … 1/4개
다진 마늘 … 1큰술
부추 … 30g
굴소스 … 1큰술
치킨파우더 … 1/2큰술
육수 … 3컵

1 냄비에 물 7컵을 붓고 멸치 다시팩을 넣어 7~8분간 끓여서 육수를 낸다.

2 애호박과 당근, 부추는 채 썬다.

3 냄비에 1의 육수 3컵을 붓고 바지락을 넣고 끓이다가 칼국수 면을 넣는다.

4 굴소스와 치킨파우더를 넣어 간을 맞추고 애호박과 당근, 부추를 넣고 한 번 더 끓인다.

• 바지락

바지락은 저지방 고단백의 영양 식품으로, 셀레늄, 마그네슘, 아연, 철분과 같은 미네랄과 비타민 B12, 니아신과 같은 비타민도 풍부하다.

칼국수 면 대신 수제비를 넣어 즐길 수 있다.
바지락은 껍질이 거칠고 광택이 있으며 입을 다물고 있는 것이 좋다.
바지락은 1시간 정도 해감하는 것이 좋으며, 해감할 때는 검은 비닐을 씌워 빛을 차단하면 해감이 더욱 잘 된다.

두부 잔치 국수

준비하기 (1~2인분)

소면 … 1줌
두부 … 1/2모
애호박 … 1/4개
당근 … 1/6개
표고버섯 … 1개
달걀 … 1개
멸치 다시팩 … 1팩
김치 … 2큰술
국간장 … 2큰술
소금 … 1/2작은술
물 … 8컵

1 냄비에 멸치 다시팩과 다시마를 넣고 물 8컵을 부어 7~8분 정도 끓인다.

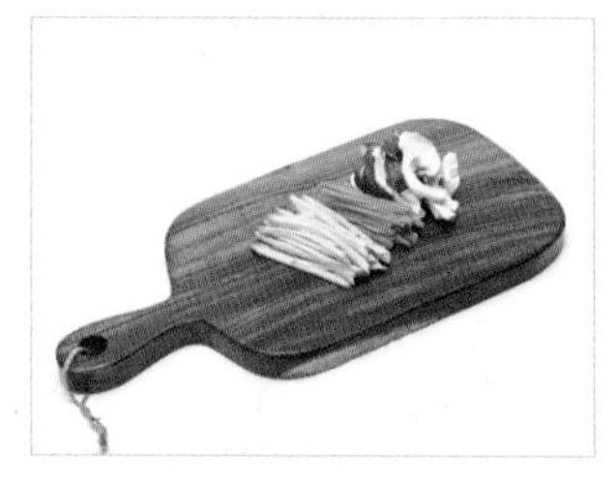

2 당근과 애호박, 표고버섯은 채 썬다.

3 냄비에 물을 붓고 물이 끓으면 소면을 넣고 3분 30초간 삶는다.

4 냄비에 1의 육수를 6컵 붓고, 국간장 2큰술과 소금 1작은술을 넣고 끓인다. 이때 표고버섯, 당근, 애호박을 넣고 한 번 더 끓인다.

5 그릇에 소면을 말아서 넣고 구운 두부를 올리고 4의 육수를 붓는다.

• 두부

두부는 8개의 필수 아미노산이 포함된 훌륭한 단백질 공급원이자 철분, 칼슘, 마그네슘, 셀레늄, 인산, 구리, 아연, 비타민 B1 등 다양한 영양분이 포함된 건강식품이다.

시원한
메밀 소바

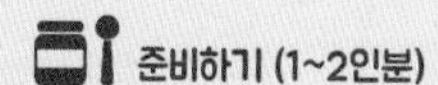

준비하기 (1~2인분)

다시마 … 1쪽
가쓰오부시 … 1/2컵
물 … 6컵
황설탕 … 1/2컵
미림 … 1컵
정종 … 1/3컵
진간장 … 1컵
무 … 1/6개
실파 … 2줄기

1 냄비에 다시마, 물, 황설탕, 미림, 정종, 진간장을 넣고 끓인다. 이때 가쓰오 부시를 넣고 한 번 끓여 체에 거르고 차갑게 식힌다.

2 메밀 면은 4분 정도 삶아서 찬물에 헹구고, 무는 강판에 갈아서 즙을 짜고 실파는 잘게 자른다. 그릇에 면을 담고 갈아 둔 무와 실파를 올린 후 차가운 육수를 붓는다.

• **메밀**

메밀에 포함된 탄수화물은 혈당지수가 54로 비교적 낮은 건강한 재료다.

건정 자장면

준비하기 (2~3인분)

다진 소고기 … 2큰술
양파 … 1/4개(80g)
애호박 … 1/6개(30g)
칵테일 새우 … 10마리
양배추 … 30g
설탕 … 1과 1/2큰술
소금 … 1/2작은술
춘장 … 3큰술
감자전분 … 2큰술
물 … 1컵
우동면 … 1봉
간장 … 1작은술

1 양파와 애호박은 1cm로 먹기 좋게 자르고, 고명으로 사용할 오이는 채 썬다.

2 팬에 춘장 3큰술을 넣고 2분 정도 충분히 볶는다.

3 기름을 두르고 다진 마늘과 다진 소고기를 40초간 볶고 간장 1작은술을 넣고 한 번 더 볶는다. 양파와 애호박과 양배추를 넣고 2분간 볶아준다.

4 3에 볶아놓은 2의 춘장과 설탕, 소금을 넣고 1분간 볶는다.

5 4의 내용물이 충분이 끓기 시작하면 물전분을 넣고 농도를 맞춘다.

6 우동 면은 삶아서 그릇에 담은 후 자장소스를 부어 채 썬 오이를 올린다.

채소를 포함한 모든 재료는 잘게 다져서 사용하면 어린 아이가 먹기에 한결 수월하다.

absorba

사랑가득 특별한 간식

재미난
수제만두

준비하기 (1~2인분)

다진 돼지고기 … 120g
생강즙 … 1큰술
소금 … 2/3큰술
굴소스 … 1과 1/2큰술
배추 … 100g
대파 … 50g
후추 … 1작은술
만두피 … 15장
부추 … 한 줌
다진 마늘 … 1/2큰술

1 부추와 배추는 깨끗하게 씻어 물기를 제거하고 0.5cm 크기로 자른다.

2 볼에 다진 돼지고기와 1의 채소를 모두 섞고 생강즙과 다진 마늘을 넣는다.

3 굴소스와 소금으로 2의 간을 하고 만두피에 간을 한 속재료를 넣어 만두를 만들고 김이 오른 찜솥에 9~10분간 찐다.

• 돼지고기

성장에 필수적인 필수 아미노산이 모두 포함된 양질의 단백질 공급원으로, 근육량 유지에 도움이 되고 운동 능력 향상에 도움이 된다.
티아민, 니아신, 비타민 B6, B12 등의 비타민과 셀레늄, 아연, 인산, 철분 등 미네랄이 풍부하다.

• 생강

생강 주스는 서양에서는 기침을 진정시키는 민간요법으로 많이 사용된다.

미니 떡갈비 키즈버거

준비하기 (1~2인분)

다진 소고기 … 100g
양파 … 1/4개
양상추 … 2잎
오이피클 … 3개
치즈 … 2장
버거빵 … 2개
마요네즈 … 1큰술

양념
진간장 … 1큰술
다진 대파 … 2큰술
다진 마늘 … 1작은술
생강즙 … 1/2작은술
양파 … 1/2개
설탕 … 1/2큰술
후추 … 약간

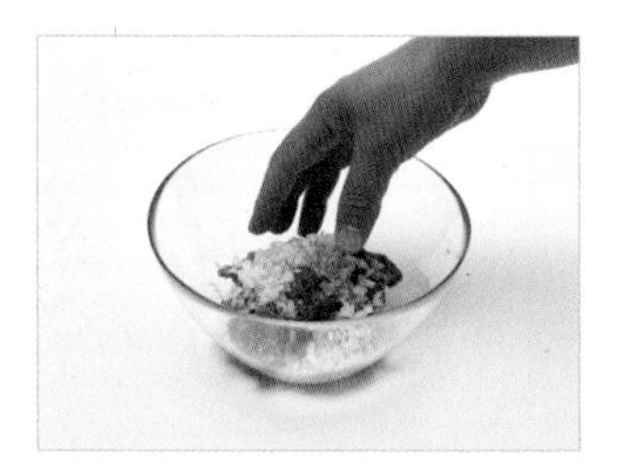

1 분량의 재료를 모두 섞어 양념을 만들고 다진 소고기와 섞는다.

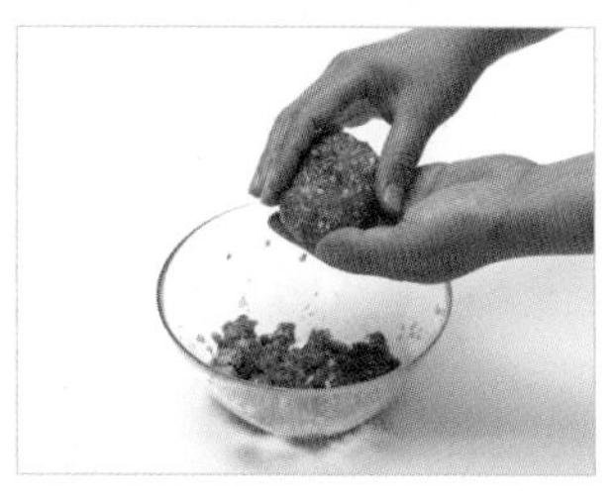

2 1의 소고기를 넣고 여러 번 치대어 모양을 잡고 구워서 미니 떡갈비를 만든다. 양상추는 14cm로 자르고 오이피클은 0.5cm로 슬라이스 한다.

3 햄버거 번은 팬에 노릇하게 구워서 마요네즈를 바르고, 떡갈비, 치즈, 양파, 오이피클, 양상추, 햄버거 번 순서로 올려서 햄버거를 완성한다.

• **소고기**
소고기는 닭고기나 생선에 비해서 철분 함량이 높다.
소고기는 어린이의 성장과 에너지 보충에 필수적인 8개의 아미노산을 포함하고 있는 훌륭한 단백질 공급원으로, 미네랄과 비타민이 풍부하다.

• **마요네즈**
달걀노른자, 식용유, 식초, 레몬즙 등의 주성분으로 만든 소스로, 마요네즈에 포함된 비타민 E 성분이 뇌졸중 예방에 도움이 된다는 연구 결과가 있다.

재미
또띠아 피자

준비하기 (1~2인분)

또띠아 … 1장
피자소스 … 5큰술
모짜렐라 치즈 … 1컵
청피망 … 1/2개
홍피망 … 1/2개
양송이버섯 … 2개
양파 … 1/4개
불고기 … 한 줌

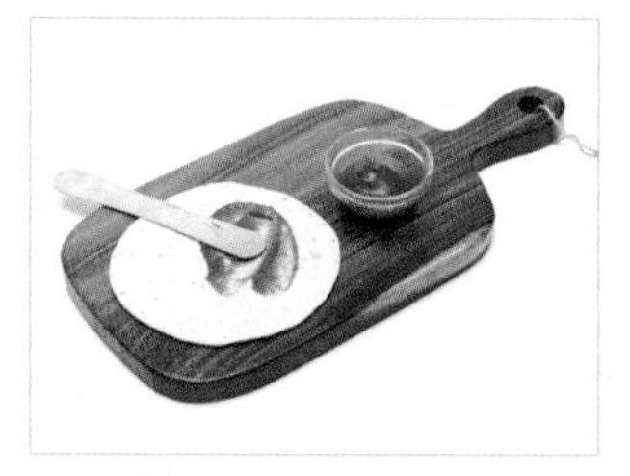

1 또띠아에 피자소스를 골고루 바르고 그 위에 모짜렐라 치즈를 3큰술 뿌린다.

2 불고기는 팬에 볶는다.

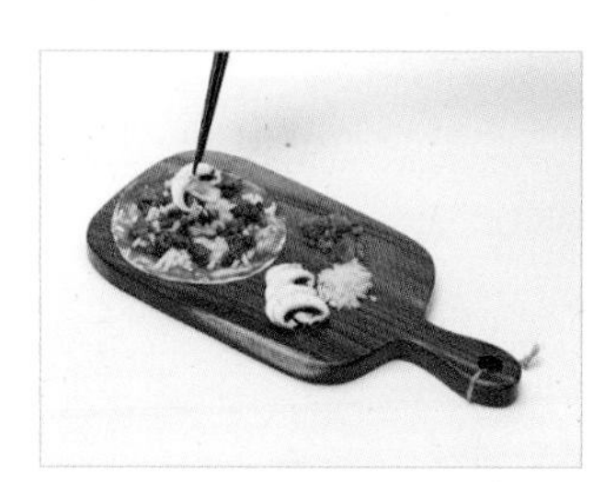

3 1 위에 2를 올리고, 청 · 홍피망과 양파는 링으로 자른 후 올린다. 양송이도 편으로 썰어서 함께 올린다.

4 마지막으로 모짜렐라 치즈를 다시 한 번 더 뿌린 후 팬에 노릇하게 굽는다. 너무 센 불에 올려서 구우면 타기만 하고 익지 않기 때문에 약한 불에서 5분 정도 굽는다.

• 모짜렐라 치즈

모짜렐라 치즈는 우유로부터 유래한 재료로, 훌륭한 단백질 공급원이면서 에너지 생성 및 유지와 연관된 비타민 B군이 특히 풍부하다.
칼슘, 인산, 비타민 D가 풍부해서 뼈 건강에 도움이 되며, 피부 건강, 시력 발달, 빈혈 예방에도 도움이 된다.
건강을 위해서는 지방이 없는 것이 좋으므로 탈지 우유로부터 만들어진 치즈를 선택하는 것이 좋다.

불고기 대신 집에 남아있는 고기를 볶아서 피자에 넣어도 맛있다.

달콤한 콘 치즈

준비하기 (1~2인분)

캔 옥수수 … 1개
모짜렐라 치즈 … 1컵
우유 … 1/4컵
설탕 … 1작은술
다진 당근 … 1큰술
다진 양파 … 2큰술
버터

1 캔 옥수수는 체에 밭쳐 물기를 제거한다.

2 볼에 다진 양파와 당근을 넣고 우유, 설탕, 캔 옥수수를 넣고 섞는다.

3 팬에 버터를 두른 후 2의 재료를 담고 모짜렐라 치즈를 넣고 녹인다.

• 옥수수

단백질과 탄수화물이 적당히 포함되어 있어서 에너지 보충에 적절하다. 비타민 중에서는 엽산, 티아민(비타민 B1), 비타민 C가, 미네랄 중에서는 칼륨, 인, 망간 등이 풍부하며 섬유소도 풍부하다.

• 모짜렐라 치즈

모짜렐라 치즈는 우유로부터 유래한 재료로, 훌륭한 단백질 공급원이면서 에너지 생성 및 유지와 연관된 비타민 B군이 특히 풍부하다.
칼슘, 인산, 비타민 D가 풍부해서 뼈 건강에 도움이 되며, 피부 건강, 시력 발달, 빈혈 예방에도 도움이 된다.
건강을 위해서는 지방이 없는 것이 좋으므로 탈지 우유로부터 만들어진 치즈를 선택하는 것이 좋다.

영양
버무리

준비하기 (1~2인분)

단호박 … 30g
고구마 … 30g
감자 … 30g
완두콩 … 30g
멥쌀가루 … 200g
소금 … 1/4큰술
설탕 … 20g

1 단호박과 고구마, 감자는 사방 1cm의 큐브 모양으로 자르고 완두콩은 껍질을 까서 준비한다. 멥쌀가루에 소금과 설탕을 넣고 준비한 재료를 넣어 함께 버무린다.

2 찜솥에 물이 끓어 오르면 면보를 깔고 1의 재료를 넣고 12분간 찐다.

• 콩

육류의 단백질을 대체할 수 있는 양질의 식물성 단백질로, 단백질과 섬유소가 풍부하고, 지방은 적다.
엽산과 비타민 B 계열, 비타민 K, 철분, 아연, 망간 등이 풍부하고 특히 칼륨이 풍부하다.
강낭콩은 완두콩에 비해서 단백질, 미네랄이 더욱 풍부해서, 완두콩 대신 강낭콩을 사용해도 좋다.

• 고구마

혈당지수가 낮은 재료로 비타민 A, 베타카로틴이 특히 풍부하며, 섬유소가 풍부해서 변비에도 도움이 된다. 비타민 C, E, B1, B2, B6 ,B7, 엽산이 풍부하고, 미네랄 중에서는 칼륨, 칼슘, 철분, 구리, 망간 등이 풍부하다.

봄철에는 쑥을 이용하여 쑥 버무리로 만들어 즐길 수 있다.

재료 계량하기

짐작으로 간을 맞출 수 있는 것은 오랫동안 숙련된 경험이 있어야 가능한 일이다.
그래서 집에서 요리를 할 때 특히 새로운 요리에 도전할 때는
정확한 계량이 최상의 맛을 내는 지름길이다.

숟가락으로 계량하기

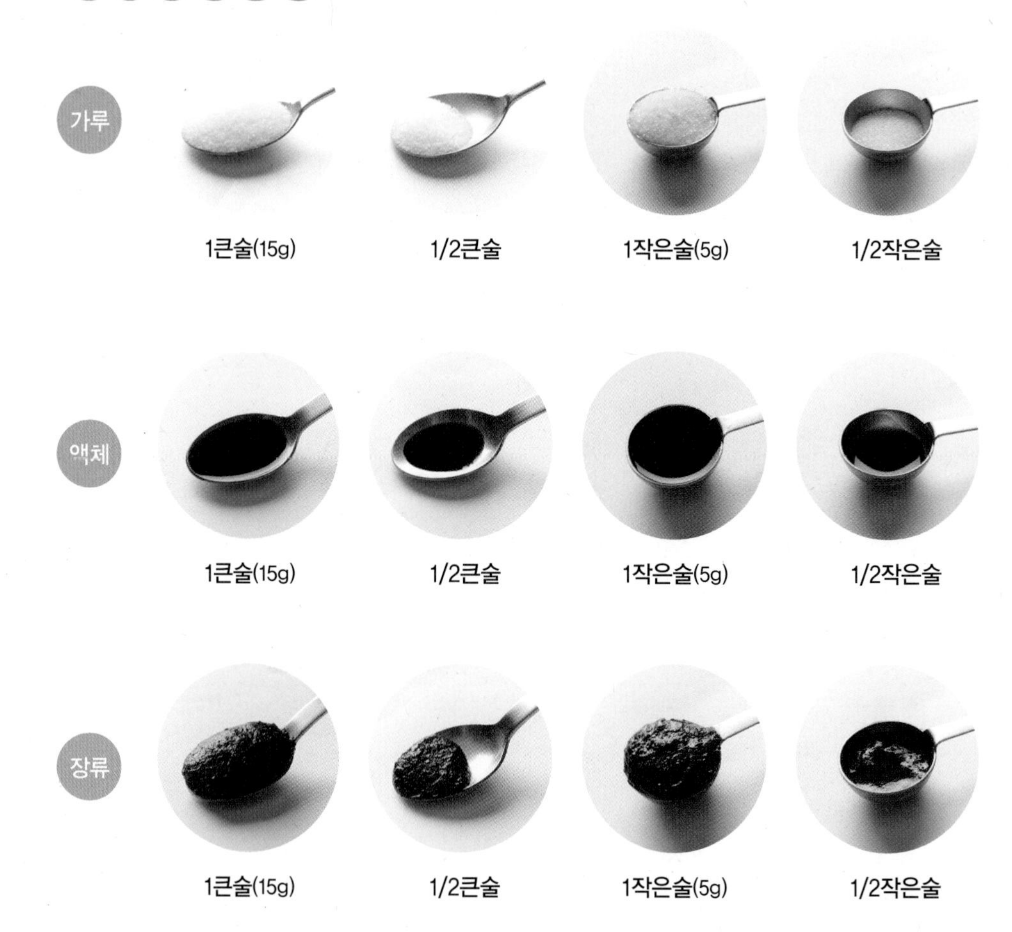

손으로 계량하기

한 줌(200g)
한 손으로 자연스럽게 쥔다.

한 줌
한 손으로 자연스럽게 쥔다.

종이컵으로 계량하기

1컵(130g)

1/2컵(65g)

1컵(200g)

1/2컵(100g)

재료 썰기

예쁘게 썰어 놓은 재료는 보기에도 좋지만 양념이 골고루 잘 스며들어 더욱 맛있는 요리를 완성할 수 있다.

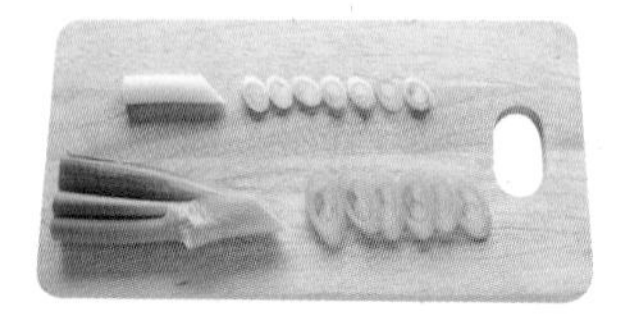

어슷 썰기

대파, 오이, 고추 등 세로로 긴 재료를 한쪽으로 비스듬히 썰어준다.

깍둑 썰기

채소나 과일 등을 정사각형으로 썰어준다.

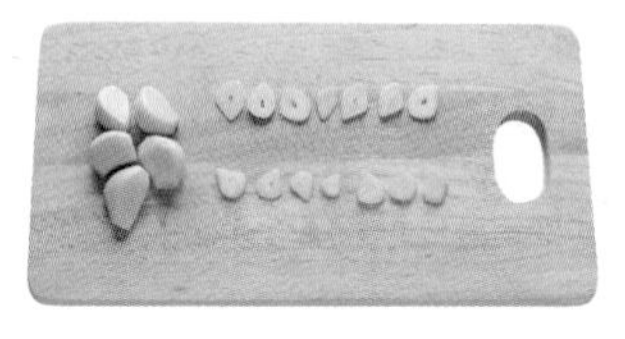

편 썰기

마늘, 생강 등의 재료를 모양 그대로 얇게 저미듯 썰어준다.

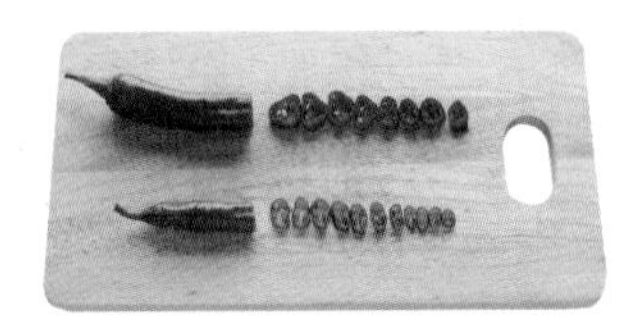

송송 썰기

가늘고 긴 재료를 동그란 모양으로 일정하게 썰어준다.

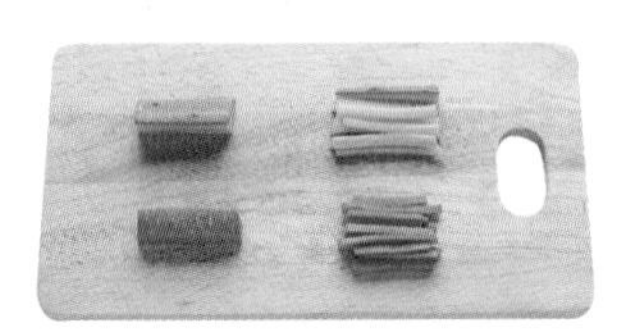

채 썰기

무침이나 볶음 재료를 손질할 때 쓰는 방법으로 편으로 썰거나 어슷하게 썬 재료를 층층이 겹친 뒤 다시 일정한 간격으로 얇게 썰어준다.

다지기

여러 번 칼질을 해서 원하는 크기로 썰어준다.